"十四五"职业教育化工技术类专业群新形态教材

化工单元操作实训

主　编　张晓磊　赵　克

副主编　隗小山　冯雷雷　张　欢
　　　　赵志鹏　范　江

参　编　曹法凯　张洪旭　李郑鑫
　　　　余柳丽　刘文虎　南　迪
　　　　王永辉　霍雯蓉

特配电子资源

微信扫码
● 配套资料
● 视频学习
● 延伸阅读

南京大学出版社

图书在版编目(CIP)数据

化工单元操作实训 / 张晓磊，赵克主编.－－南京 ：
南京大学出版社，2024.9.－－ISBN 978－7－305－28139－6

Ⅰ.TQ02

中国国家版本馆 CIP 数据核字第 2024VN1716 号

出版发行　南京大学出版社
社　　址　南京市汉口路 22 号　　　　邮　　编　210093
书　　名　化工单元操作实训
　　　　　HUAGONG DANYUAN CAOZUO SHIXUN
主　　编　张晓磊　赵　克
责任编辑　高司洋　　　　　　　　编辑热线　025－83592146
照　　排　南京开卷文化传媒有限公司
印　　刷　常州市武进第三印刷有限公司
开　　本　787 mm×1092 mm　1/16　印张 14.75　字数 370 千
版　　次　2024 年 9 月第 1 版　2024 年 9 月第 1 次印刷
ISBN 978－7－305－28139－6
定　　价　46.00 元

网　　　址:http://www.njupco.com
官方微博:http://weibo.com/njupco
微信服务号:njuyuexue
销售咨询热线:(025)83594756

前　言

　　《化工单元操作实训》以培养高素质复合型技术技能人才为出发点，结合化工企业生产岗位特点，充分融入化工生产现场工程师的人才培养要求，采用项目任务化的教学编排方法，以典型工作任务为教学内容，主要包括十一个项目。项目一认知化工生产特点与安全防护；项目二至项目十为工段拆装操作实训、流体输送单元操作实训、传热单元操作实训、蒸发单元操作实训、过滤单元操作实训、精馏单元操作实训、吸收—解吸单元操作实训、萃取单元操作实训、间歇反应器操作实训，分别介绍了各实训单元操作基础知识、实训操作规程、岗位操作规范、事故处理处置等内容；项目十一以全国职业院校职业技能大赛化工生产技术赛项实操为例，介绍工艺流程、设备、操作要点等内容，进一步提升教材的综合性与实践性。本书将理论与工程实际相结合，内容丰富、实用。在教材编写过程中注重"岗课赛证"的有效融通，促进教学改革，实现"岗课赛证"综合育人。借鉴化工生产技术大赛赛项的评分标准，对照职业技能等级标准，将化工总控工职业资格证书考试内容融入实训教材中，推进"赛课"融合、"赛训"融合、"赛岗证"融合，按照技能竞赛标准更新实训教学内容，及时将新技术、新工艺、新规范、新方法典型生产案例等纳入课程教材，着重培养学习者化工单元现场操作、化工生产中控操作、化工过程安全分析、样品采集及分析核心能力，牢固树立学习者安全、绿色、创新的化工理念，积极培育学习者化工生产"安全至上、生态和谐、绿色低碳"的自觉意识，使学习者能正确实施典型化工单元装置的开车前准备、正常开停车操作，能正确判断和处理典型化工单元装置常见生产操作事故等。同时，本书借助二维码融入操作动画、设备原理、视频资源，以展示实训操作过程。

本书可以作为高职化工技术类专业化工单元操作实训教材,也可以作为相关企业员工技能培训参考教材。

参与本书编写的有湖南石油化工职业技术学院的张晓磊、赵克、隗小山、冯雷雷、曹法凯、张洪旭、李郑鑫、余柳丽、刘文虎,延安职业技术学院的张欢、南迪,青海职业技术大学的赵志鹏、王永辉、霍雯蓉,陕西工业职业技术学院的范江。全书由张晓磊统稿。

由于编者水平有限,书中不妥之处在所难免,欢迎读者批评指正。

编　者

2024 年 8 月

目　录

绪　论

化工行业渗透于各领域中,不仅能够为民众生产生活提供便利,同时在国民经济发展中也发挥着不可替代的作用。随着化工行业发展速度的加快,化工生产安全问题逐渐受到社会各界的高度重视。随着新技术、新工艺、新方法的不断延伸,化工生产装置不断大型化、智能化、绿色化,生产过程连续化和自动化程度不断提高,为保证生产安全稳定、长周期、满负荷、最优化地运行,职业岗位前的职业教育和培训显得越来越重要。

高职高专化工类专业开设化工单元操作实训课程,旨在系统、全面地强化应用化工技术专业岗位前的技能或技术培训,帮助学生掌握相关的操作技能和基本技术,熟悉流体输送、传热、过滤、蒸馏、吸收、萃取及间歇反应等化工单元操作规范,培养理论联系实际、实事求是的学风,让学生学会从实践中发现问题,并提升其分析问题和解决问题的能力,培养学生的可持续发展能力,与此同时通过实训过程的学习,培养学生规范认真的工作习惯,积极向上的工作态度,遵守规章制度,提升自身的职业素养。

一、化工单元操作实训的目的与任务

化工单元操作实训是化工类专业教学过程的重要环节,旨在让学生通过亲自操作化工设备、观察现象,将理论知识与实际操作相结合,提升学生的实际操作能力和综合技能,为将来从业打下坚实基础。化工单元具体目的如下:

1. 培养操作技能

通过动手操作,掌握化工单元操作的基本技能,如流体输送、传热、传质、混合与分离等,以及设备的开停车、正常运行和事故处理等能力,增强理论联系实际的工程观念。

2. 加深理论理解

将课堂上学到的理论知识与实际操作相结合,加深学生对化工单元操作原理、设备结构及特点、工艺流程、常用仪表工作原理等的理解,使理论知识得以巩固和深化。

3. 提高安全、绿色、节能环保意识

通过实训过程中的安全教育和规范操作,培养学生的安全意识和环保意识,确保在化工生产中能够严格遵守安全规程,预防事故的发生,同时也要注重培养资源节约与高效利用的绿色意识。

4. 培养团队协作及可持续发展能力

实训过程通常需要学生分组进行,通过分工协作完成任务,可培养学生的团队协作精

神和沟通能力。通过对操作中出现的异常操作现象、常见事故进行处理,思考问题的根源,培养学生分析问题、解决问题的能力,增强学生可持续发展能力。

5. 建立自我学习意识

化工单元操作实训的深入学习,旨在培养学生一种自我驱动的学习意识,即形成持续探索新知、主动掌握新技能的自主学习习惯。将学习视为一种生活方式和成长途径,不断提升自身的专业素养和核心竞争力。

二、化工单元操作实训的要求

1. 安全要求

(1)安全教育:在实训开始前,应对学生进行安全教育,使其了解实训所涉及的化学品性质、危害及应急处理措施,强调实训过程中的安全注意事项,确保学生了解并遵守实训室安全规章制度和应急预案。

(2)个人防护:所有参与实训的学生必须穿戴合适的个人防护装备,如实训服、安全鞋、防护眼镜、手套等,确保在操作过程中不受化学品或机械设备的伤害。

(3)安全检查:在实训开始前,学生应对所使用的设备、安全设备进行全面检查,确保设备处于良好状态,无损坏或故障。

2. 预习与准备

(1)在实训前预习相关理论知识:学生需认真阅读实训指导书,了解实训目的、原理、操作步骤及注意事项。

(2)理解单元实训流程:学生应清楚实训所涉及的工艺流程,包括原料准备、反应条件、产物分离等各个环节。

(3)设备与工具准备:实训前检查并准备实训所需的化工单元设备、实验室安全设备、常用工具及实验室试剂等,确保设备完好、工具齐全、试剂充足。

(4)预先安排好实训小组名单:确保实训过程的有序进行和团队协作的有效性。

3. 实训操作注意事项

(1)学生实训前,要认真检查所有的设备、阀门及管路,如发现问题,应立即向指导教师报告;按实训规定领用工具和原料等物品;要做到确保安全操作、全面保障人员安全、维护设备安全稳定、持续提升安全意识。

(2)实训过程中须严格按照生产操作规程和安全技术规程进行生产操作,团队人员分工明确、相互配合,遵守岗位职责,及时、如实做好操作记录。如果设备出现异常气味、火花、冒烟、发热、异响、异常振动等现象,或发生触电等人身伤害,应保持镇定,立即切断电源,并马上向指导教师报告,以便采取相应措施。要做到勤于动手实践,敏于观察细节,善于思考总结。

(3)实训期间,需秉持对设备及其他公共财物的尊重与爱护之心,要做到维护设备完整性、严格设备使用纪律、及时报告异常情况,培养良好使用习惯。通过规范操作、细心观察、及时报告,共同营造一个安全、有序、高效的实训环境。

（4）实训结束后，应进行实训室的全面整理与清理工作，包括整理物品并归位、整顿环境秩序、清扫垃圾及污渍，并保持区域的清洁状态。学生需将实训期间所记录的原始数据或笔记提交给指导教师进行仔细审阅，并在获得指导教师的正式签名确认后，方可安全有序地离开实训室。

4. 操作数据的记录、归纳与剖析

（1）备好完整的原始记录表，保证数据的完整。例如，实验条件应包括温度、压力、流量、液位等关键参数的设定值和实际值；还应记录好操作步骤、实验现象及实验数据（如温度读数、压力值、流量大小等）。记录时，应确保数据真实、准确和完整，避免遗漏或错误；应使用统一的记录表格或模板，方便后续的数据整理和分析。

（2）数据整理是将收集到的原始数据进行系统化、条理化处理的过程，目的是便于后续的分析和处理。整理数据时应做到分类整理、数据排序、数据汇总。

（3）稳定的同一条件下，不同参数最好几个人配合同时读取及记录，或至少读取两次以上数据且只有两次以上数据相近的情况下才可以改变操作条件。

（4）数据分析是化工单元操作实训中的重要环节，通过对实验数据的处理和分析，揭示实验现象的本质和规律。通过运用统计分析、图表分析及对比分析等多种分析方法，优化单元操作实训条件，提高数据处理和分析能力。

三、实训报告的撰写

实训报告是记录实训过程、总结实训经验、分析实训结果的重要文档。撰写实训报告是对所测取的数据进行处理，对观察现象加以分析，从中找出客观规律和内在联系的过程。撰写实训报告对高职高专学生来说是一种拟写科技论文的训练，可强化其写好科技论文的意识，训练综合分析和概括问题的能力。

实训报告应简洁明了，数据和图标完整，条件清楚，结论正确，有讨论和分析比较。一份完整的化工单元操作实训报告通常涵盖以下七个部分。

1. 实训项目名称

实训项目名称位于报告的最前面，应能简明扼要地概括实训主题，要求简洁、鲜明、准确。

2. 实训目的

实训目的要简要概述实训的原因及实训过程要解决的问题，阐述实训预期达到的目标和效果。

3. 实训的理论依据

理论依据部分要求准确、充分地概述实训依据的基本原理，包括实训涉及的主要概念、重要定律、公式和由此推算的结果等。

4. 实训过程

实训过程主要包含以下四个部分。

（1）实训准备：描述实训前所做的准备工作，如资料收集、设备调试等。

（2）实训步骤：详细记录实训过程中的每一步操作，包括使用的工具、方法、遇到的问题及解决方法等。

（3）实训装置流程图绘制及说明：绘制及识读带控制点的工艺流程图和测试点的位置及主要设备、仪表的名称。准确标出设备、仪器仪表及调节阀的标号，在流程图的下面写出图的名称和与标号对应的设备仪器的名称。

（4）实训数据：记录实训过程中收集到的数据，包括实验数据、观察结果、异常现象等，及时准确记录原始数据，原始数据表格需附在报告的后面。

5. 实训结果与分析

数据分析：对实训数据进行整理、分析，得出相关结论。

结果展示：通过图表、表格等形式展示实训结果。

结果分析：对实训结果进行深入分析，探讨实训中的现象、规律及问题。

6. 实训总结

实训收获：总结实训过程中的主要收获和体会。

存在问题：指出实训过程中存在的问题和不足。

改进建议：针对存在的问题提出改进建议或措施。

7. 附录

实训照片：提供实训过程中的照片作为辅助说明。

原始数据：附上实训过程中收集的原始数据，以备查证。

在撰写实训报告时，还需注意以下事项：报告内容应真实、准确、完整，不得虚构或篡改数据；报告结构应清晰、条理分明、语言简练、准确；报告中的图表、表格等应规范、整洁，数据应准确无误；报告完成后应认真检查，确保无错别字、语法错误等问题。

四、实训的考核与成绩评定

实训的考核与成绩评定是确保实训效果、检验学生实践能力的重要环节。要对每一个学生应掌握的各项技能的规范、熟练程度逐项考核、评分。

1. 实训成绩的评定标准

化工单元操作实训课的评定，以训练项目预习情况、实训前的设备检查、操作规范程度、数据处理的情况、独立实训的能力、环保和节能意识及工作态度为主，实训成绩评定遵循公平、公正、客观的原则，结合学生的实际情况和实训要求，采用合理的评定方法和标准。评定方法可以包括以下三个方面。

量化评分：根据实训考核的内容和标准，设定相应的评分指标和权重，通过实际操作考核、成果展示考核等方式进行量化评分。

定性描述：对于难以量化的考核内容，可以采用定性描述的方式进行评定，如描述学生在团队中的协作能力、职业素养等方面的表现。

综合评价：结合量化评分和定性描述的结果，对学生进行综合评价，得出最终的成绩评定结果。

成绩的评定分为优秀、良好、中等、及格和不及格 5 个等级。

（1）优秀：学生在实训过程中表现出色，能够熟练掌握并灵活运用化工单元操作的知识和技能，操作规范且准确无误，原始记录规范、数据处理正确；能够独立完成实训报告，报告书写工整、整洁、实事求是；安全、环保、节能意识强，自觉遵守实训室纪律和规章制度，全勤、无操作事故；具有出色的团队协作和问题解决的能力，展现出高度的职业素养。

（2）良好：学生在实训过程中表现良好，能够较好地掌握化工单元操作的知识和技能，操作基本规范；能完成实训报告，结论基本正确；有安全、环保、节能意识，遵守纪律，全勤、无操作事故；有一定的团队协作和解决问题的能力，职业素养较好。

（3）中等：学生在实训过程中基本达到实训要求，能按时写好预习报告，检查、调试装置设备不太熟练，在老师的指导下基本能够做好规定的实训项目，操作基本规范；能完成实训报告，结论基本正确；有安全、环保、节能意识，遵守纪律，无操作事故；能够掌握基本的化工单元操作知识和技能，但操作规范性有待提高；团队协作和解决问题能力一般，职业素养需进一步加强。

（4）及格：学生在实训过程中表现一般，能够完成基本的化工单元操作任务，但在某些方面存在明显不足，如操作不够规范、团队协作能力较差等；独立工作能力较差；实训报告按时完成；安全、环保、节能意识不强，需要进一步提升职业素养。

（5）不及格：学生在实训过程中表现较差，未能掌握基本的化工单元操作知识和技能，操作不规范且存在明显错误；实训报告不能按时完成；原始记录不规范，有伪造数据行为；团队协作和解决问题能力严重不足，职业素养有待提高。

2. 操作技能考核

关于化工单元操作实训技能的考核，可根据实际情况，针对规定的训练项目制定出考核评分细则，主要考核内容一般包括以下几个方面。

（1）实训前准备是否充分，预习报告书写是否认真。

（2）实训开始前的装置设备检查是否到位。

（3）实训操作是否规范、准确、熟练，所做训练项目能否独立完成。

（4）实验记录是否为原始数据，数据处理是否准确。

（5）实训报告是否达到要求。

（6）是否能综合应用所学理论和操作技能判断并排除运行中的故障。

（7）实训态度，安全、环保、节能意识和实训纪律等情况。

3. 职业素养考核

职业素养考核主要是评估操作人员在单元操作过程中展现出的安全意识、操作规范、团队协作、问题解决能力以及职业素养等方面的表现。通过考核，旨在促进操作者不断提升自身的职业素养和综合能力，确保化工生产的安全、高效进行。考核方式主要为通过实训场地实训装置操作，要求操作者在规定时间内完成操作任务，并对其进行评分；也可以提供一些典型的化工单元操作案例，要求操作者分析案例中存在的问题和解决方法，并评估其问题解决能力和职业素养。通过团队项目的方式，评估操作者在团队中的协作能力、沟通能力和项目管理能力。在单元操作任务中要求操作者在团队中扮演不同角色，共同完成任务。具体说明如下：

（1）安全意识：考核操作人员在单元操作过程中是否严格遵守安全操作规程，能否正确识别和处理安全隐患，以及是否具备应对突发安全事件的能力。

（2）操作规范：评估操作人员在单元操作中的操作技能和熟练程度，即是否按照规定的操作程序和方法进行操作，以及是否能够达到规定的操作标准和要求。

（3）团队协作：考核操作人员在团队中的协作能力、沟通能力和项目管理能力，即是否能够与团队成员有效配合，共同完成单元操作任务。

（4）问题解决能力：评估操作人员在单元操作过程中遇到问题时是否能够迅速分析、判断和解决，以及是否具备创新思维和应对挑战的能力。

（5）职业素养：职业素养包括工作态度、纪律观念、礼仪礼貌等方面，考核操作人员是否具备高度的责任心、敬业精神以及良好的职业道德。

项目一

化工实训室安全

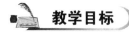 **教学目标**

素质目标	1. 具有化工安全生产的规范操作意识和严谨细致的从业态度 2. 具有踏实肯干、求真务实的工作态度 3. 具有良好的观察力、逻辑判断力、紧急应变能力 4. 具有安全生产、绿色环保、节能降耗的职业意识 5. 具有创新精神和创新意识，具备一定的创新能力 6. 具有"三老四严""四个一样""比学赶超"的工作作风
知识目标	1. 掌握化工生产的特点 2. 理解化工生产的安全规定 3. 掌握化工生产安全防护的基本知识 4. 掌握化工单元操作实训安全常识
技能目标	1. 能归纳总结化工生产的特点 2. 能够熟记化工生产的安全规定 3. 能正确做好化工生产的安全防护 4. 能正确佩戴防护用品并做好个人防护 5. 能归纳总结常见化工单元操作实训中的安全操作要点

实训任务

通过实际安全生产案例，认知化工生产特点，对事故经过进行梳理，反思事故产生原因，总结化工生产过程中的安全操作注意事项。

以3~4位同学为小组，根据任务要求查阅相关资料，搜索近五年发生的化工企业安全事故，总结事故类型，分析事故发生原因，强化安全生产、规范操作的职业意识。

任务一　认知化工生产特点

　　一起复杂的事故背后潜在的问题是多方面的。了解化工生产本身的特点,掌握化工生产的危险因素,抓住技术、人、信息和组织管理的安全生产四要素,才能避免重大化工生产安全事故的发生。

一、案例

1. 事故经过

　　2019 年 3 月 21 日 14 时 48 分,位于江苏省盐城市响水县生态化工园区的天嘉宜化工有限公司发生特别重大爆炸事故(图 1-1),造成 78 人死亡、76 人重伤,640 人住院治疗,直接经济损失 198 635.07 万元。事故调查组认定,江苏响水天嘉宜化工有限公司"3·21"特别重大爆炸事故是一起长期违法贮存危险废物导致自燃进而引发爆炸的特别重大生产安全责任事故。

图 1-1　江苏响水天嘉宜化工有限公司"3·21"特别重大爆炸事故现场

2. 事故原因

　　事故的直接原因:天嘉宜公司旧固废库内长期违法贮存的硝化废料持续积热升温导致自燃,燃烧引发爆炸。起火位置为天嘉宜公司旧固废库中部偏北堆放硝化废料部位。对天嘉宜公司硝化废料取样进行燃烧实验,表明硝化废料在产生明火之前有白烟出现,燃烧过程中伴有固体颗粒燃烧物溅射,同时产生大量白色和黑色的烟雾,火焰呈黄红色。经与事故现场监控视频比对,事故初始阶段燃烧特征与硝化废料的燃烧特征吻合,认定最初起火物质为旧固废库内堆放的硝化废料。事故调查组认定贮存在旧固废库内的硝化废料属于固体废物,经委托专业机构鉴定属于危险废物。

事故调查组认定,天嘉宜公司无视国家环境保护和安全生产法律法规,刻意瞒报、违法贮存、违法处置硝化废料,安全环保管理混乱,日常检查弄虚作假,固废仓库等工程未批先建;相关环评、安评等中介服务机构严重违法违规,出具虚假失实评价报告。

起火原因:事故调查组通过调查逐一排除了其他起火原因,认定为硝化废料分解自燃起火。经对样品进行热安全性分析,硝化废料具有自分解特性,分解时释放热量,且分解速率随温度升高而加快。实验数据表明,绝热条件下,硝化废料的贮存时间越长,越容易发生自燃。天嘉宜公司旧固废库内贮存的硝化废料,最长贮存时间超过七年。在堆垛紧密、通风不良的情况下,长期堆积的硝化废料内部因热量累积,温度不断升高,当上升至自燃温度时发生自燃,火势迅速蔓延至整个堆垛,堆垛表面快速燃烧,内部温度快速升高,硝化废料剧烈分解发生爆炸,同时殉爆库房内的所有硝化废料,共计约 600 吨袋(1 吨袋可装约 1 吨货物)。

3. 事故主要教训

(1) 安全发展理念不牢,红线意识不强。

(2) 地方党政领导干部安全生产责任制落实不到位。

(3) 防范化解重大风险不深入、不具体,抓落实有很大差距。

(4) 有关部门落实安全生产职责不到位,造成监管脱节。

(5) 企业主体责任不落实,诚信缺失和违法违规问题突出。

(6) 对非法违法行为打击不力,监管执法宽、松、软。

(7) 化工园区发展无序,安全管理问题突出。

(8) 安全监管水平不适应化工行业快速发展需要。

4. 事故警示

为深刻汲取事故教训,举一反三,亡羊补牢,有效防范和坚决遏制重特大事故,提出如下建议措施。

(1) 把防控、化解危险化学品安全风险作为大事来抓。

(2) 强化危险废物监管。

(3) 强化企业主体责任落实。

(4) 推动化工行业转型升级。

(5) 加快制订、修订相关法律法规和标准。

(6) 提升危险化学品安全监管能力。

二、化工生产的特点

化学工业作为国民经济的支柱产业,与农业、轻工、纺织、食品、材料、建筑及国防等部门有着密切的联系,其产品已经并将继续渗透到国民经济的各个领域。化工生产过程的主要特点有以下几个方面。

1. 化工生产涉及的危险品多

化工生产使用的原料、半成品和成品种类繁多,且绝大部分是易燃、易爆、有毒、有腐蚀的化学危险品,它们在生产中的贮存和运输等有其特殊的要求。

2. 化工生产要求的工艺条件苛刻

生产中，有些化学反应在高温、高压下进行，有的要在深冷、高真空度下进行。如由轻柴油裂解制乙烯，再用高压法生产聚乙烯的生产过程中，轻柴油在裂解炉中的裂解温度为800℃；裂解气要在深冷（－96℃）条件下进行分离；纯度为 99.99％ 的乙烯气体在100 MPa～300 MPa压力下聚合，制成聚乙烯树脂。

3. 生产规模大型化

国际上化工生产装置大型化明显加快。以乙烯装置的生产能力为例，20 世纪 50 年代生产能力为 10 万吨/年，70 年代达到 60 万吨/年，现在达到 100 万吨/年。化肥生产方面，合成氨的生产能力从 20 世纪 50 年代的 6 万吨/年到 60 年代初的 12 万吨/年，60 年代末达到 30 万吨/年，70 年代发展到 50 万吨/年，现在达到 100 万吨/年以上。

4. 生产方式日趋先进

现代化工企业的生产方式已经从过去的手工操作、间歇生产转变为高度自动化、连续化生产，生产设备由敞开式变为密闭式，生产装置由室内走向露天，生产操作由分散控制变为集中控制，同时也由人工手动操作和现场观测发展到由计算机遥测遥控等。

三、化工生产安全规定

化工生产有许多潜在的不安全因素，因此要求牢固树立安全第一的思想，学习安全知识，提高技术水平，自觉遵纪守法，确保安全生产。

《化工部安全生产禁令》于 1982 年颁布，1994 年做了适当的修改和补充，部分内容如下所示。

1. 生产区内十四个不准

（1）加强明火管理，厂区内不准吸烟。

（2）生产区内，不准未成年人入内。

（3）上班时间，不准睡觉、干私活、离岗和做与生产无关的事。

（4）上班前、班上不准喝酒。

（5）不准使用汽油等易燃液体擦洗设备、用具和衣物。

（6）不按规定穿戴劳动保护物品，不准进入生产岗位。

（7）安全设施不齐全的装置不准使用。

（8）不是自己分管的设备、工具不准动用。

（9）检修设备室安全措施不落实，不准开始检修。

（10）停机检修后的设备，未经彻底检查，不准启用。

（11）未办高处作业证，不戴安全带，脚手架、跳板不牢，不准登高作业。

（12）石棉瓦上不固定好跳板，不准作业。

（13）未安装触电保安器的移动式电动工具，不准使用。

（14）已取得安全作业证的职工，不准独立作业；特殊工种职工，未经取证，不准作业。

2. 操作工的六严格

（1）严格执行交接班制。

（2）严格进行巡回检查。

（3）严格控制工艺指标。

（4）严格执行操作法。

（5）严格遵守劳动纪律。

（6）严格执行安全规定。

3. 动火作业六大禁令

（1）动火证未经批准，禁止动火。

（2）不与生产系统可靠隔绝，禁止动火。

（3）不清洗，置换不合格，禁止动火。

（4）不按时作动火分析，禁止动火。

（5）不消除周围易燃物，禁止动火。

（6）没有消防措施，禁止动火。

4. 进入容器、设备的八个必须

（1）必须申请、办证，并得到批准：任何进入容器或设备的作业都必须经过严格的申请和审批流程。这包括提交作业计划、风险评估、安全措施等内容，并获得相关负责人的批准。

（2）必须进行安全隔绝：在进入容器或设备之前，必须确保已经进行了安全隔绝。这包括切断所有与容器或设备相关的能源供应，如电力、蒸汽、气体等，以防止在作业过程中发生意外启动或泄漏。

（3）必须切断动力电，并使用安全灯具：在进入可能存在电气危险的容器或设备时，必须切断所有动力电，并使用符合安全标准的灯具进行照明。这可以防止触电事故的发生，并确保工作人员在黑暗环境中能够看清周围环境。

（4）必须进行置换、通风：在进入容器或设备之前，必须进行充分的置换和通风。这可以排除容器或设备内部可能存在的有毒、有害或易燃气体，确保工作人员在作业过程中不会受到这些气体的侵害。

（5）必须按时间要求进行安全分析：在进入容器或设备之前，必须进行安全分析。这包括对容器或设备内部的气体成分、温度、压力等参数进行检测和分析，以确保这些参数在安全范围内。安全分析的时间间隔应根据具体情况而定，但通常应在作业开始前进行。

（6）必须佩戴规定的防护用具：在进入容器或设备之前，工作人员必须佩戴规定的防护用具。这包括安全帽、防护眼镜、防护服、防护手套、呼吸器等。这些防护用具可以防止工作人员在作业过程中受到化学、物理或机械伤害。

（7）必须有人在器外监护，并坚守岗位：在工作人员进入容器或设备内部作业时，必须有人在容器或设备外部进行监护。监护人应坚守岗位，随时观察容器或设备内部的情况，并随时准备采取应急措施。

（8）必须有抢救后备措施：在进入容器或设备之前，必须制定详细的抢救后备措施。这包括准备必要的急救设备和药品、制定疏散和撤离计划等。这些措施可以在发生意外时迅速启动，最大程度地减少损失和伤害。

任务二　认知化工安全生产防护知识

一、有毒有害物质的防护及急救

在化工生产中,生产性毒物繁多,常以气体、蒸气、雾、烟或粉尘的形式污染生产环境,当毒物达到一定浓度时,便可对人体产生毒害作用。因此,在化工生产中预防中毒是极为重要的。

1. 案例

（1）事故经过

2020 年 9 月 14 日 22 时 01 分,位于甘肃省张掖市高台县盐池工业园区的张掖耀邦化工科技有限公司污水处理厂发生硫化氢气体中毒事故,造成 3 人死亡,直接经济损失 450 万元。

（2）发生原因

企业污水处理厂当班人员违反操作规程将盐酸快速加入含有大量硫化物的废水池内进行中和,致使大量硫化氢气体短时间内快速溢出,当班人员在未穿戴安全防护用品的情况下冒险进入危险场所,吸入高浓度的硫化氢等有毒混合气体,导致人员中毒。

2. 毒物、中毒

（1）毒物:侵入人体,经物理化学作用,能破坏人体组织中的正常生理机能,引起人体病理状态的物质称为毒物。

（2）中毒:由毒物引起的病变,称为中毒。

3. 中毒抢救的一般原则

（1）迅速组织抢救力量。现场人员应佩戴防毒面具,坚守岗位,谨慎、大胆处理,有效切断有害物质来源。停止一切现场动火检修工作,疏散不必要人员。

（2）迅速将中毒者撤离毒区,静卧在通风良好的地方,注意保暖。解开衣领、裤带及妨碍呼吸的一切物件,鼻子朝天后仰,保证呼吸道畅通。

（3）必须脱去被污染的衣服。皮肤及眼被玷污应在现场用大量清水冲洗。

（4）以最快速度送至医务部门,途中视情况做胸外心脏按压、人工呼吸等抢救工作。

4. 毒物的分类

（1）按毒物的化学结构,分为有机类(如苯、甲醇)和无机类(如氨、一氧化碳)。

（2）按毒物的形态,分为气体类(如硫化氢)、液体类(如硝酸)、固体类(如含二氧化硅)、雾状类(如硫酸酸雾 $SO_3 \cdot H_2O$)。

（3）按毒物的致毒作用，分为刺激性（如氯气）、窒息性（如氮气）、麻醉性（如乙醇）、致热源性（如氧化锌）、腐蚀性、致敏性。

5. 毒物进入人体的途径

（1）呼吸道。呼吸道是化工生产环境中有害物质进入人体的主要途径。

（2）皮肤。毒物可通过完整的皮肤到达皮脂腺及腺体细胞而被吸收，一小部分则通过汗腺进入人体。

（3）消化道。由呼吸道侵入人体的毒物一部分黏附在鼻咽部或混于鼻咽的分泌物中，可被人体吞入而进入消化道。

6. 最高允许浓度

最高允许浓度指工人工作地点空气中有害物质不应超过的数值。空气中几种有毒气体和蒸气的最大允许浓度见表 1-1。

表 1-1　空气中常见有毒气体和蒸气的最大允许浓度示例表

气体/蒸气名称	最大允许浓度/$(mg \cdot m^{-3})$
一氧化碳(CO)	20
硫化氢(H_2S)	10
二氧化硫(SO_2)	5
氮氧化物（如 NO_2）	5
氨(NH_3)	30
苯(C_6H_6)	6
甲苯(C_7H_8)	50
二甲苯(C_8H_{10})	100
甲醇(CH_3OH)	25
氯气(Cl_2)	0.5（OSHA/ACGIH 允许暴露浓度）
溴化氢(HBr)	10
液化石油气(LPG)	1 000
氰化氢(HCN)	1（最高容许浓度）
二甲基乙酰(DMAc)	10
丙烯酰胺(C_3H_5NO)	0.3

需要注意的是，这些浓度值可能因地区、行业标准和具体条件而有所不同。因此，在实际应用中，应参考当地相关法规和行业标准来确定最大允许浓度。此外，对于某些特殊气体或蒸气，其最大允许浓度可能还需要根据具体工艺和作业环境进行调整。

另外，需要强调的是，即使空气中的有毒气体或蒸气浓度低于最大允许浓度，长期接触或高浓度暴露仍可能对健康造成危害。因此，在作业过程中，应采取适当的防护措施，如佩戴防护面具、手套、防护服等，以减少接触和吸入有毒气体或蒸气的风险。

7. 常见毒物的特性及防护

(1) 一氧化碳(CO)

一氧化碳为无色、无臭、无刺激性气体。相对分子质量为28.01,密度为0.967 g/L,几乎不溶于水。

① 中毒表现:头痛、眩晕、耳鸣、眼花,并伴有恶心、呕吐、心悸、四肢无力等,严重时可出现意识模糊、进入昏迷,甚至出现呼吸停止。

② 急救方法:迅速使中毒者脱离现场,移至空气新鲜处,一般轻度中毒者吸入新鲜空气后,即可好转。对于昏迷者应立即给予输氧。对重度中毒以至于呼吸停止者进行强制呼吸。

③ 预防措施:接触一氧化碳的人员,岗位上应配备过滤式5型防毒面具和氧气呼吸器。

(2) 二氧化碳(CO_2)

二氧化碳为无色气体,高浓度时略带酸味,相对分子质量为44.01,沸点为$-56.6℃$(527 kPa),熔点为$-78.5℃$,密度比空气大(标准条件下),可溶于水。

① 中毒表现:吸入含量为8%～10%的二氧化碳时除头昏、头痛、眼花和耳鸣外,还有气急、脉搏加快、无力、肌肉痉挛、昏迷、大小便失禁等症状。严重者甚至出现呼吸停止及休克。

② 急救方法:迅速使中毒者脱离毒区,吸氧。必要时用高压治疗。

③ 预防措施:产生二氧化碳的生产场所必须保持通风良好。进入密闭设备、容器和地沟等处,应先进行安全分析,确定是否可进入。

(3) 硫化氢(H_2S)

硫化氢为无色、有臭鸡蛋气味的气体,密度为1.19 g/L,易溶于水,熔点为$-82.9℃$,沸点为$-61.8℃$。

① 中毒表现:随接触浓度的不同,H_2S中毒表现为畏光、流泪、流涕、头痛、无力、呕吐、咳嗽、喉痒,继而出现意识模糊、抽搐,最后可因呼吸麻痹而死亡。接触浓度在1 000 mg/m³以上时,可发生"电击样"中毒,即在数秒后突然倒下,瞬时呼吸停止。

② 急救方法:一旦发现急性硫化氢中毒者,应迅速使其脱离事故现场,移至空气新鲜处。对窒息者应进行人工呼吸或者输氧。眼受伤害时,立即用清水或2%碳酸氢钠溶液冲洗。

③ 预防措施:接触硫化氢的人员,岗位上应配备过滤式4型防毒面具和氧气呼吸器。

(4) 氮气(N_2)

氮气为无色、无味、既不燃烧也不助燃的惰性气体,相对分子质量为28.0,沸点为$-196℃$,在正常空气中含量为78.93%。

① 中毒表现:氮气窒息主要由于缺氧,当呼吸纯氮气时立即就会晕倒,如果无人发现,几分钟内就会窒息死亡。

② 急救方法:一旦发现氮气窒息者,应先使其脱离现场,做人工呼吸,有条件时则应及时输氧;心跳停止者,做胸外心脏按压。

（5）氨(NH₃)

氨是一种无色、有刺激性气味的气体,熔点为−77.7℃,沸点为−33.35℃,易溶于水、乙醇和乙醚,在651℃能够自燃,爆炸极限为5%～27%。

① 中毒表现:短期吸入大量氨后可出现咽痛、声音嘶哑、胸闷、头晕、头痛、恶心和呕吐、流泪、眼结膜充血;皮肤接触可致皮肤灼伤。

② 急救方法:将患者移至空气新鲜处,维持呼吸循环功能。用清水彻底清洗接触部位,特别是眼睛。

③ 预防措施:使用或产生氨的设备和管道应严加密闭,提供充分局部排风和全面通风。空气中氨浓度超标时,按规定佩戴必要的防护用品,如防毒口罩、防护眼镜和防护手套等。

（6）甲醇(CH₃OH)

甲醇为无色、澄清、易挥发液体,能溶于水,易燃,有麻醉作用,有毒有害,相对分子质量为32,沸点为65℃,挥发度为6.3(以乙醚为参考物质),闪点为11.11℃,蒸气密度为1.11(以空气为参考物质),自燃点为385℃,凝固点为−97.8℃,相对密度为0.791 3 kg/L(20℃)。甲醇在空气中的最高允许浓度为50 mg/m³;爆炸极限为6.7%～36%,最易引燃含量为13.7%,最小引燃能量为0.215 mJ,最大爆炸压强为0.721 MPa。

① 中毒表现:甲醇有毒,特别是对人的眼睛影响极大,严重时可导致双目失明,甚至致人死亡。

② 急救方法:在甲醇中毒的情况下,必要时可用大衣或铺盖防止伤员冻伤,马上将其移至空气新鲜的地方,伤员的衣服如果被污染,必须马上进行更换。如果甲醇接触眼睛,必须用足够的水冲洗20 min,同时用眼镜或绷带包扎防止亮光。如果误食甲醇,应该尽快将其呕吐出,如喝温和的盐水或小苏打水,每15 min喝一次。

8. 防止中毒的措施

（1）堵漏

保证设备和管道的密封,断绝有毒物质的来源,是预防中毒的根本办法。

（2）通风

因为设备、管道不可能达到绝对密封,总会有少量毒气漏出来,使空气毒化,因此通风对于防止中毒至关重要。

（3）在有毒地点工作时的措施

如因需要,不得不在有毒地点工作时,应采取一切必要的安全措施。

9. 防毒面具的使用

（1）过滤式防毒面具

过滤式防毒面具(图1-2)由面罩、导气管、滤毒罐和面具袋四个部分组成。

① 过滤式防毒面具滤毒罐颜色及防毒范围

防毒面具滤毒罐是由活性炭、化学吸收层、棉花层等构成。由于化学吸收层所含的解毒药品不同,因此各种滤毒罐的防毒范围也不一样,使用前应根据有毒有害物质的种类,正确选择相应型号的滤毒罐。常见的过滤式防毒面具滤毒罐颜色及防毒范围如表1-2所示。

图 1－2　常见的过滤式防毒面具

表 1－2　过滤式防毒面具滤毒罐颜色及防毒范围

序号	滤毒罐的颜色	防毒类型	防毒范围举例
1	绿色(草绿＋白道)	综合防护	氢氰酸、光气、双光气、苯、溴甲烷、二氯甲烷、芥子气等
2	黑色	防砷化氢	砷化氢、磷化氢、汞等
3	褐色(褐色＋白道)	防有机气体	丙酮、氯气、醇类、苯胺、二硫化碳、四氯化碳、氯仿、溴甲烷、氯甲烷、硝基烷等
4	灰色(灰色＋白道)	防氨和硫化氢	氨、硫化氢等
5	白色	防一氧化碳	一氧化碳
6	黑色＋白道	防汞蒸气	汞蒸气
7	黄色(黄色＋白道)	防酸性气体	各种酸性气体、光气、硫的氧化物、氯气和含氯的有机农药等

② 使用条件

a. 过滤式防毒面具的使用条件是空气中氧气含量大于 18％、环境温度在－30℃～45℃,毒物在允许浓度范围内。

b. 过滤式防毒面具一般不能用于槽、罐等密闭容器和密闭的工作环境,禁止在有毒气体管道、设备抽堵盲板时使用。

c. 防毒面具有下列情况时,已不符合使用条件,应禁止使用:面罩有砂眼、裂纹、破损、老化、气阀损坏、漏气、滤毒罐失效、压损、穿孔、严重锈蚀、有"沙沙"响声、视镜破碎、透明度差等。

d. 各种过滤式防毒面具在不使用时,应将滤毒罐的上盖拧紧,下盖胶塞堵严,以防毒气侵入或受潮失效。

③ 用法

a. 从面具袋中取出滤毒罐,确认符合所需防护有毒气体型号。

b. 使用前应认真检查面罩、导管、滤毒罐,确保其完好无损、不漏气,呼吸阀、吸气阀灵活好用。

c. 使用过滤式防毒面具,必须严格执行"一开、二看、三戴"的规定。一开:打开滤毒药罐底部胶塞。二看:查看滤毒药罐、面罩无缺陷。三戴:戴上面罩,呼吸畅通,确认完好,方准使用。

d. 使用中闻到毒气味,感到呼吸困难、不舒服、恶心,滤毒罐发热、温度过高或发现故障时,应立即离开毒区。在毒区内禁止将面罩取下。

④ 故障应急处理

使用中,如某一部位受损,以致不能发挥正常功能,在来不及更换面具的情况下使用者可采用下列应急处理方法,并迅速离开有毒场所。

a. 面罩或导气管发现孔洞时,可用手指捏住;若导气管破损,有条件时,也可将滤毒罐直接与头罩连接使用,但应注意防止因面罩承重而发生移位漏气。

b. 呼气阀损坏时,应立即用手堵住呼气阀孔,呼气时将手放松,吸气时再堵住。

c. 头罩损坏严重无法进行堵塞时,可把头罩取下,直接将滤毒罐含在嘴里,用手捏住鼻子,通过滤毒罐直接呼吸。

d. 滤毒罐上发现有小孔时,可就地用手或其他材料堵塞。

⑤ 过滤式防毒面具使用注意事项

a. 检查滤毒罐的型号及适用范围。

b. 检查滤毒罐有效期情况,失效不能用。

c. 选择佩戴匹配合适的型号,保证严密性。

d. 检查面具及塑胶软管是否老化,气密性是否良好。

(2) 隔离式防毒面具

常用的隔离式防毒面具主要有长管式防毒面具和氧气呼吸器。

① 长管式防毒面具

长管式防毒面具由面罩、导气软管组成,适用于−30℃～45℃的环境。其优点是结构简单、使用方便、可以拖带;适用于有毒设备的检修、进塔入罐作业、固定岗位或远距离往返作业,是防中毒、防窒息的良好气体防护器材。

长管式防毒面具使用时的注意事项如下:

a. 使用前应进行检查,确保导管畅通、无破损,面罩完好,呼气阀、吸气阀灵活好用。带好面具后方可进入毒区。

b. 长管面具进气口应置于上风头无污染的空气清洁的环境中,不得折压、挤压,也不得扔在地面上。

c. 必须有专人监护,经常检查作业人员情况及导管、进气口情况。

d. 使用过程中如感到呼吸困难或不适,应立即离开毒区,在毒区内严禁取下面罩。

② 氧气呼吸器

氧气呼吸器又称储氧式防毒面具,主要由氧气瓶、减压阀、气囊、清净罐、呼吸软管、呼气阀、吸气阀及面罩等组成。它是以压缩氧气为供气源的防毒面具,适用于严重污染、存在窒息性气体、毒气类型不明确或缺氧等恶劣环境中进行工作和事故预防、事故抢救使用,但禁止在油类、高温、明火作业中使用。图1-3为正压式氧气呼吸器简图。

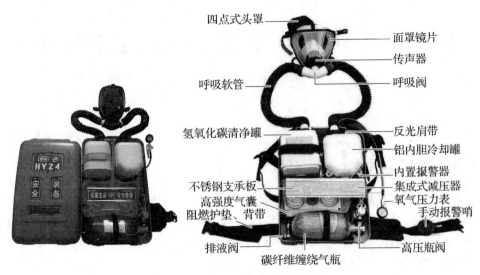

图 1 - 3 正压式氧气呼吸器简图

氧气呼吸器使用时的注意事项如下：

a. 使用前应检查面具大小是否合适、完好无损。

b. 压力在 10 MPa 以上方可使用,使用时必须坚持"一开"(开氧气阀)、"二看"(查看压力在 10 MPa 以上)、"三戴"(确认无问题方可戴面罩)、"四进"(戴好面具方可进入毒区)。

c. 两人以上方可戴氧气呼吸器进入毒区工作,并应确定好联络信号,当氧气瓶压力降至 3 MPa 时,应停止工作,立即退出毒区。

d. 使用中如感到呼吸困难、恶心、不适、疲倦无力、有酸味,应立即离开毒区,禁止在毒区内摘下面罩。

e. 患有肺病、心脏病、高血压、近视眼、精神病、传染病和其他禁忌证者禁用。

二、烧伤的防护

烧伤通常分为热烧伤和化学烧伤,根据伤害情况可分为一级烧伤(皮肤发红,但不起泡)、二级烧伤(皮肤的表面和角化层破坏,起泡)和三级烧伤(烧伤很严重,皮肤碳化)。

热烧伤是由于直接与火焰或高温物体接触而引起的。当接触温度极低的物质,如二氧化碳制成的干冰(−80℃)、液态空气和液态氧气(−180℃)时,也能造成类似热烧伤的伤害。

化学烧伤是由于酸、碱等落在皮肤上引起的。因此,液氨仓库操作人员、槽车装车人员以及其他与液氨打交道的工人,都应穿上橡胶衣服、靴子并戴手套,同时还应备有防毒面具和防毒眼镜。当碱或酸落在皮肤上时,应首先用大量的冷水冲洗伤处,然后擦干,涂上凡士林或特种药膏,再裹上绷带。为防止烧伤,工作人员工作时要使用橡胶工作服和防护眼镜等保护用品。

任务三　认知典型化工单元安全操作知识

一、物料输送安全操作技术

在工业生产过程中，经常需要将各种原材料、中间体、产品以及副产品和废弃物从一个地方输送到另一个地方，这些输送过程就是物料输送。在现代化工业企业中，物料输送是借助各种输送机械设备实现的。由于输送的物料形态不同（块状、粉态、液态、气态等），所采取的输送设备也各异。

1. 液态物料输送

（1）输送易燃液体宜采用蒸气往复泵。如采用离心泵，则泵的叶轮应用有色金属制造，以防撞击产生火花。设备和管道均应有良好的接地，以防静电引起火灾。由于采用虹吸和自流的输送方法较为安全，故应优先选择。

（2）对于易燃液体，不可采用压缩空气压送，因为空气与易燃液体蒸气混合，可形成爆炸性混合物，且有产生静电的可能。对于闪点很低的可燃液体，应用氮气或二氧化碳等惰性气体压送。对于闪点较高及沸点在130℃以上的可燃液体，如有良好的接地装置，可用空气压送。

（3）临时输送可燃液体的泵和管道（胶管）连接处必须紧密、牢固，以免输送过程中管道受压脱落漏料而引起火灾。

（4）用各种泵类输送可燃液体时，其管道内流速不应超过安全速度，且管道应有可靠的接地措施，以防静电聚集。同时要避免吸入口产生负压，以防空气进入系统导致爆炸或抽瘪设备。

2. 气态物料输送

（1）输送液化可燃气体宜采用液环泵（因液环泵比较安全）。在抽送或压送可燃气体时，进气入口应该保持一定余压，以免造成负压吸入空气形成爆炸性混合物。

（2）为避免压缩机汽缸、贮气罐以及输送管路因压力增高而引起爆炸，要求这些部分有足够的强度。此外，要安装经核验准确可靠的压力表和安全阀（或爆破片）。安全阀泄压应将危险气体导致安全的地点。可安装压力超高报警器、自动调节装置或压力超高自动停车装置。

（3）压缩机在运行中不能中断润滑油和冷却水，并注意冷却水不能进入汽缸，以防发生水锤现象。

（4）气体抽送、压缩设备上的垫圈易损坏漏气，应注意经常检查，及时换修。

（5）压送特殊气体的压缩机，应根据所压送气体物料的化学性质，采取相应的防火措施。如乙炔压缩机中同乙炔接触的部件不允许用铜来制造,以防产生具有爆炸危险的乙炔铜。

（6）可燃气体的管道应经常保持正压,并根据实际需要安装逆止阀、水封和阻火器等安全装置,管内流速不应过高。管道应有良好的接地装置,以防静电聚集放电引起火灾。

（7）可燃气体和易燃蒸气的抽送、压缩设备的电机部分,应为符合防爆等级要求的电气设备,否则,应穿墙隔离设置。

（8）当输送可燃气体的管道着火时,应及时采取灭火措施。管径在150 mm以下的管道着火时,一般可直接关闭闸阀熄火;管径在150 mm以上的管道着火时,不可直接关闭闸阀熄火,应采取逐渐降低气压,通入大量水蒸气或氮气的灭火措施。当着火管道被烧红时,不得用水骤然冷却。

二、传热过程安全操作技术

1. 采用水蒸气或热水加热时,应定期检查蒸汽夹套和管道的耐压强度,并应装设压力计和安全阀。与水发生反应的物料,不宜采用水蒸气或热水加热。

2. 采用充油夹套加热时,需将加热炉门与反应设备用砖墙隔绝,或将加热炉设于车间外面。油循环系统应严格密闭,不准热油泄漏。

3. 为了提高电感加热设备的安全可靠程度,可采用较大截面的导线,以防过负荷;采用防潮、防腐蚀、耐高温的绝缘材料,增加绝缘层厚度,添加绝缘保护层等措施。电感应线圈应密封,防止与可燃物接触。

4. 电加热器的电炉丝与被加热设备的器壁之间应有良好的绝缘,以防短路引起电火花,将器壁击穿,使设备内的易燃物质或漏出的气体和蒸气发生燃烧或爆炸。在加热或烘干易燃物质,以及受热能挥发可燃气体或蒸气的物质时,应采用封闭式电加热器。电加热器不能安放在易燃物质附近。导线的负荷能力应能满足加热器的要求,应采用插头向插座上连接的方式。工业上用的电加热器,在任何情况下都要设置单独的电路,并要安装适合的熔断器。

5. 在进行直接用火加热的工艺过程时,加热炉门与加热设备间应用砖墙完全隔离,厂房内不准存在明火。加热锅内残渣应经常清除以免局部过热引起锅底破裂。以煤粉为燃料时,料斗应保持一定存量,不许倒空,避免空气进入,防止煤粉爆炸;制粉系统应安装爆破片。以气体、液体为燃料时,点火前应吹扫炉膛,排除积存的爆炸性混合气体,防止点火时发生爆炸。当加热温度接近或超过物料的自燃点时,应采用惰性气体保护。

三、过滤过程安全操作技术

1. 若加压过滤时散发易燃、易爆、有害气体,则应采用密闭过滤机,并应用压缩空气或惰性气体保持压力。需注意的是,取滤渣时应先释放压力。

2. 在存在火灾、爆炸危险的工艺中,不宜采用离心过滤机,宜采用转鼓式或带式等真空过滤机。如必须采用过滤离心机时,应严格控制电机安装质量,安装限速装置。注意不要选择临界速度操作。

3. 过滤离心机应注意选材和焊接质量,转鼓、外壳、盖子及底座等应用韧性金属制造。

四、精馏过程安全操作技术

1. 常压蒸馏安全操作

常压蒸馏中应注意易燃液体的蒸馏热源不能采用明火,采用水蒸气或过热水蒸气加热较安全。蒸馏腐蚀性液体时,应防止塔壁、塔盘腐蚀,造成易燃液体或蒸气逸出,遇明火或灼热的炉壁而燃烧。蒸馏自燃点很低的液体,应注意蒸馏系统的密闭,防止因高温泄漏遇空气自燃。对于高温的蒸馏系统,应防止冷却水突然漏入塔内,否则水迅速汽化,塔内压力突然增高会将物料冲出或发生爆炸。启动前应将塔内和蒸汽管道内的冷凝水放空,然后使用。在常压蒸馏过程中,还应注意防止管道、阀门被凝固点较高的物质凝结堵塞,导致塔内压力升高而引起爆炸。在用直接火焰加热蒸馏高沸点物料时(如苯二甲酸酐),应防止产生自燃点很低的树脂油状物遇空气而自燃。同时,应防止蒸干,使残渣焦化结垢,引起局部过热而着火爆炸。油焦和残渣应经常清除。冷凝系统的冷却水或冷冻盐水不能中断,否则未冷凝的易燃蒸气逸出会使局部吸收系统温度增高,或窜出遇明火而引燃。

2. 减压蒸馏安全操作

真空蒸馏(减压蒸馏)是一种比较安全的蒸馏方法。对于沸点较高、在高温下蒸馏时能分解、爆炸和聚合的物质,采用真空蒸馏较为合适。如硝基甲苯在高温下分解爆炸、苯乙烯在高温下易聚合,类似这类物质的蒸馏必须采用真空蒸馏的方法以降低流体的沸点。借以降低蒸馏的温度,确保其安全。

五、干燥过程安全操作技术

为防止火灾、爆炸、中毒事故的发生,干燥过程要采取以下安全措施。

1. 当干燥物料中含有自燃点很低的物质或含有其他有害杂质时必须在烘干前将其彻底清除,干燥室内也不得放置容易自燃的物质。

2. 干燥室与生产车间应用防火墙隔绝,并安装良好的通风设备,电气设备应防爆或将开关安装在室外。在干燥室或干燥箱内操作时,应防止可燃的干燥物直接接触热源,以免引起燃烧。

3. 干燥易燃易爆物质,应采用蒸汽加热的真空干燥箱。当烘干结束后,去除真空时,一定要等到温度降低后才能放进空气;对易燃易爆物质采用流速较大的热空气干燥时,应采用防爆的排气用设备和电动机;在用电烘箱烘烤能够蒸发出易燃蒸气的物质时,电炉丝应完全封闭,烘箱上应加防爆门;利用烟道气直接加热可燃物时,在滚筒或干燥器上应安装防爆片,以防烟道气混入一氧化碳而引起爆炸。

4. 间歇式干燥,物料大部分靠人力输送,热源采用热空气自然循环或鼓风机强制循环,温度较难控制,易造成局部过热,引起物料分解造成火灾或爆炸。因此,在干燥过程中,应严格控制温度。

5. 在采用洞道式、滚筒式干燥器干燥时,主要是防止机械伤害。在气流干燥、喷雾干燥、沸腾床干燥以及滚筒式干燥中,多以烟道气、热空气为干燥热源。

6. 干燥过程中所产生的易燃气体和粉尘与空气混合易达到爆炸极限。在气流干燥中,物料由于迅速运动相互激烈碰撞、摩擦易产生静电;滚筒干燥过程中,刮刀有时和滚筒壁摩擦产生火花,因此,应该严格控制干燥气流风速,并将设备接地;对于滚筒干燥,应适当调整刮刀与筒壁的间歇,并将刮刀牢牢固定,或采用有色金属材料制造刮刀,以防产生火花。用烟道气加热的滚筒式干燥器,应注意加热均匀,不可断料,滚筒不可中途停止运转。斗口有断料或停转应切断烟道气并通氮。干燥设备上应安装爆破片。

思考题

1. 化工生产有哪些主要特点?
2. 化工生产安全规定有哪些?
3. 防止中毒的措施有哪些?
4. 如何使用防毒面具?
5. 生产和检修过程中防爆措施有哪些?
6. 传热过程中安全操作技术主要有哪些?
7. 常压蒸馏与减压蒸馏安全操作有哪些不同?

案例分析题

根据下列两个案例,试分析其事故产生的原因或指定应对措施。

【案例1】日本昭田川崎工厂的一套合成氨装置,在操作中突然发出破裂声并喷出气体,气体充满压缩机房后,流向楼下的净化塔和合成塔。压缩机系统的操作工听到喷出气体的声音后立即停掉压缩机并打开送风阀。合成系统的操作工着手关闭净化塔的各个阀门,但在这个操作过程中附近发生了爆炸。最终造成 17 名操作工死亡,63 人受伤,装置的建筑物和机械设备部分被破坏,相邻装置的窗玻璃被震坏。由于爆炸使合成塔前的变压器损坏,变压器油着火,点燃从损坏的管道中漏出来的氢气,大火持续了约 4 h,经济损失约 7 100 万日元。

【案例2】1984 年 4 月,辽宁省某市自来水公司用汽车运载液氯钢瓶到沈阳市某化工厂灌装液氯,灌装后在返程途中,违反危险化学品运输车辆不得在闹市、居民区等处停留的规定,在沈阳市街道上停车,运输人员离去做其他事,此时一个钢瓶易熔塞泄漏,氯气扩散使附近500 余名居民吸入氯气受到毒害,造成严重社会影响,运输人员受到了刑事处理。

项目二

工段拆装操作实训

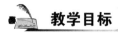 **教学目标**

素质目标	1. 具有团队协作、互相交流的团队意识 2. 具有吃苦耐劳、爱岗敬业的职业意识 3. 具有积极参与、积极发言的竞争意识 4. 具有服从安排、规范操作的职业道德 5. 具有责任、成本、时间意识 6. 具有一定的安全意识、紧急应变能力
知识目标	1. 掌握带控制点流程图的画法及各类管道、阀门和设备的表示方法 2. 掌握化工管路的拆装顺序、安装方法及注意事项 3. 掌握法兰的安装要求，了解垫片的材质及选取原则 4. 了解化工阀门的种类及结构
技能目标	1. 会识读及绘制带控制点的工艺流程图 2. 能对已安装好的管路检查，了解设计安装化工管路应该满足规范性、合理性、美观性等要求 3. 会进行各种管路安装 4. 能正确选用拆装所用的实训工具 5. 会设备、仪表、管路的安装技巧

 实训任务

通过工段拆装内外操协作，了解填料塔的液体分布器、填料、支承板等塔内构件结构特点；了解列管换热器的结构，理解它的工作原理。掌握化工管路拆装的技巧、技术要求，熟悉塔、换热器及管路的材质、规格以及在化工生产中的重要作用，提高学生理论结合实践的能力，培养学生的工程观念和理论知识的综合应用能力。

以 3～4 位同学为小组，根据任务要求，查阅相关资料，制定并讲解操作计划，完成工段拆装操作，分析和处理操作中遇到的异常情况，撰写实训报告。

任务一　工段拆装技术规程

▶ 子任务 1　认识工段拆装 ◀

一、工段拆装特点

流体从某一位置或设备输送至储罐、反应器、换热器等，需要借助管路进行输送。在学习工段拆装过程中，需要了解管子的材质与应用范围、管件及阀门的种类与应用，熟悉管路的连接所用的管件、连接的方法、管路上的附件（压力表、流量计等）以及管路布置的原则。

二、装置组成

本实训装置主要有以下几个部分组成：吸收塔、解吸塔、贫液储罐、釜液储罐、换热器、离心泵、风机为主体，配套有管路、管件、阀门、测量仪表等。

▶ 子任务 2　熟悉工段拆装的基本原理及过程 ◀

一、化工管路的分类

化工生产过程中的管路通常以是否分出支管来分类，如表 2-1 所示。简单管路如图 2-1 所示，复杂管路如图 2-2 所示。

表 2-1　管路的分类

类型		结构
简单管路	单一管路	直径不变、无分支的管路
	串联管路	虽无分支但管径多变的管路
复杂管路	分支管路	流体由总管分流到几个分支，各分支出口不同
	并联管理	并联管路中，分支最终又汇合到总管

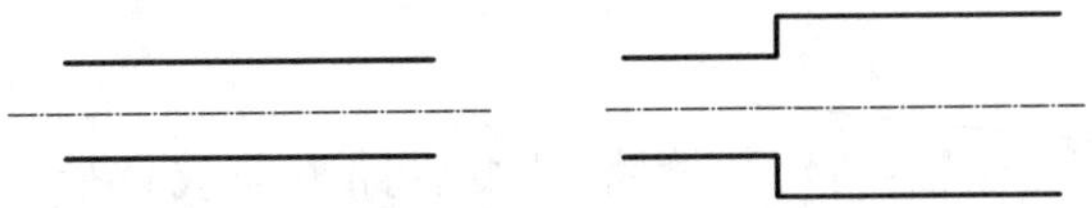

(a) 单一管路(等径)　　　(b) 串联管路(变径)

图 2-1　简单管路

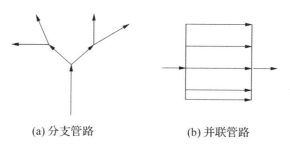

(a) 分支管路　　　　　　　　(b) 并联管路

图 2-2　复杂管路

二、化工管路的构成

化工管路是化工生产中涉及的各种管路形式的总称。化工管路将化工机器与设备连在一起,从而保证流体能从一个设备输送到另一个设备,是化工生产装置不可缺少的部分。

化工管路主要由管子、管件、阀件及辅件(一些附属于管路的管架、管卡、管撑等)构成。

1. 化工管路的标准化

化工生产中输送的流体介质多种多样,介质性质,输送条件和输送流量各不相同,因此化工管路也必须是各不相同的,以适应不同输送任务的要求。工程上,为了避免杂乱、方便制造与使用,有了化工管路的标准化。

化工管路的标准化是指制定化工管路主要构件(包括管子、管件、阀门、法兰、垫片等)的结构、尺寸、连接、压力等的实施标准的过程,其中,压力标准与直径标准是制定其他标准的依据,也是选择管子、管件、阀门、法兰、垫片等的依据,已由国家标准详细规定,使用时可查阅有关资料。

2. 管子

生产中使用的管子按管材不同可分为金属管、非金属管和复合管。金属管主要有铸铁管、钢管(含合金钢管)和有色金属管等;非金属管主要有陶瓷管、水泥管、玻璃管、塑料管、橡胶管等;复合管指的是金属与非金属两种材料复合得到的管子,最常见的形式是衬里管,即为了满足成本、强度和防腐的需要,在一些管子的内层衬以适当材料(如金属、橡胶、塑料、搪瓷等)而形成的。随着化学工业的发展,各种新型耐腐蚀材料不断出现,如有机聚合物材料等,非金属材料管正在逐渐替代金属管。

管子的规格通常用"小径×壁厚"来表示,如 $\phi38$ mm×2.5 mm 表示此管子的外径是 38 mm,壁厚是 2.5 mm。但也有些管子是用内径来表示其规格的,使用时要注意。管子的长度主要有 3 m、4 m 和 6 m。有些可达 9 m、12 m,但以 6 m 最为普遍。

3. 管件

管件是用来连接管子以达到延长管路、改变管路方向或直径、分支、合流或封闭管路的附件总称。一种管件能起到上述作用中的一个或多个,如弯头既是连接管路的管件,又是改变管路方向的管件。常用管件如图 2-3 所示。

（1）改变管路的方向：180°回弯头、90°弯头、45°弯头等。

（2）连接支管：三通、四通。

（3）改变管径：异径管、内外螺纹接头（补芯）等。

（4）堵截管路：管帽、丝堵、盲板等

（5）延长管路：管箍、螺纹短节、活接头、法兰等。

必须注意，管件和管子一样，也是标准化、系列化的。选用时必须注意是否和管子的规格一致。

图 2-3　常用管件

三、选择化工管路中的阀门

阀门是用来开启、关闭、调节流量及控制安全的机械装置，也称活门、裁门或节门。阀门是化工安全生产的关键组件。阀门的开启与关闭、畅通与隔断、质量好与坏、严密与渗漏等均关系到安全运行，由阀门引起的火灾、爆炸、中毒事故数不胜数，许多重大的灾难都是由阀门引起的。化工生产中，通过阀门可以调节流量、系统压力、流动方向，从而确保工艺条件的实现与安全生产。常用阀门见表 2-2 及图 2-4。

表 2-2　常用阀门

名称	结构特点	用途
闸阀	主要部件为闸板，通过闸板的升降以启闭管路。这种阀门全开时流体阻力小，全闭时较严密	多用于大直径管路上作启闭阀，在小直径管路中也有用作调节阀的。不宜用于含有固体颗粒或物料易于沉积的流体，以免引起密封面的磨损和影响闸板的闭合

续　表

名称	结构特点	用途
截止阀	主要部件为阀盘与阀座,流体自下而上通过阀座,其构造比较复杂,流体阻力较大,但密闭性与调节性能较好	不宜用于黏度大且含有易沉淀颗粒的介质
止回阀	止回阀是一种根据阀前、后的压力差自动启闭的阀门,其作用是使介质只做一定方向的流动,分为升降式和旋启式两种。升降式止回阀密封性较好,但流动阻力大;旋启式止回阀用摇板回阀板来启闭。安装时应注意介质的流向与安装方向	止回阀一般适用于清洁介质
球阀	阀芯呈球状,中间为与管内径相近的连通孔,结构比闸阀和截止阀简单,启闭迅速,操作方便,体积小,重量轻,零部件少,流体阻力也小	适用于低温、高压及黏度大的介质,但不宜用于调节流量
旋塞阀	旋塞阀的主要部分为可转动的圆锥形旋塞,中间有孔,当旋塞转至90°时,流动通道即全部封闭,需要较大的转动力矩	偏度变化大时容易卡死,不能用于高压
安全阀	安全阀是为了管道设备的安全保险而设置的截断装置,它能根据工作安全阀压力而自动启闭,从而将管道设备的压力控制在某一数值以下,从而保证其安全	主要用在蒸汽锅炉及高压设备上

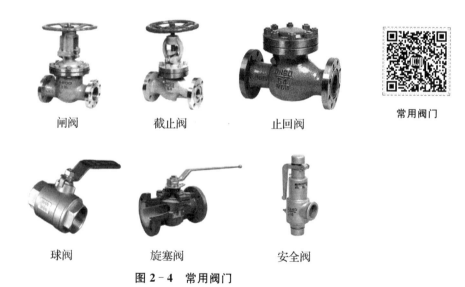

闸阀　　　　　截止阀　　　　　止回阀　　　　　常用阀门

球阀　　　　　旋塞阀　　　　　安全阀

图 2-4　常用阀门

四、化工管材的认知

管材一般按制造管子所使用的材料进行分类,可分为金属管、非金属管和复合管,其中金属管占绝大部分。复合管指金属与非金属两种材料组成的管子。常见的化工管材如表2-3所示。

表2-3 常见的化工管材

种类及名称		结构特点	用途
金属管	钢管 有缝钢管	有缝钢管是用低碳钢焊接而成的钢管,又称为焊接管。其特点是易于加工制造,价格低。主要有水管和煤气管,分镀锌管和黑铁管(不镀锌管)两种	目前主要用于输送水、蒸汽、煤气、腐蚀性弱的液体和压缩空气等。因为有焊缝而不适宜在0.8 MPa(表压)以上的压力条件下使用
	钢管 无缝钢管	无缝钢管是用棒料钢材经穿孔热轧或冷拔制成的,没有接缝。用于制造无缝钢管的材料主要有普通碳钢、优质碳钢、低合金钢、不锈钢和耐热铬钢等。无缝钢管的特点是质地均匀、强度高、管壁薄,少数特殊用途的无缝钢管的壁厚也可以很厚	无缝钢管能在各种压力和温度下输送流体,广泛用于输送高压、有毒、易燃易爆和腐蚀性强的流体等
	铸铁管	有普通铸铁管和硅铸铁管。铸铁管价廉而耐腐蚀,但强度低,气密性也差,不能用于输送有压力的蒸汽、爆炸性及有毒性气体等	一般作为埋在地下的给水总管、煤气管及污水管等,也可以用来输送碱液及浓硫酸等
	有色金属管 铜管与黄铜管	由紫铜或黄铜制成。导热性好,延展性好,易于弯曲成型	适用于制造换热器的管子;用于油压系统、润滑系统来输送有压液体;铜管还适用于低温管路,黄铜管在海水管路中也广泛使用
	有色金属管 铅管	铅管因抗腐蚀性好,能抗硫酸及10%以下的盐酸,其最高工作温度是413 K。但由于铅管机械强度差、性软而笨重,导热能力小,目前正被合金管及塑料管所取代	主要用于硫酸及稀盐酸的输送,但不适用于浓盐酸、硝酸和乙酸的输送
	有色金属管 铝管	铝管也有较好的耐酸性,其耐酸性主要由其纯度决定,但耐碱性差	铝管广泛用于输送浓硫酸、浓硝酸、甲酸和乙酸等。小直径铝管可以代替铜管来输送有压流体。当温度超过433 K时,不宜在较高的压力下使用
非金属管		非金属管是用各种非金属材料制作而成的管子的总称,主要有陶瓷管、水泥管、玻璃管、塑料管和橡胶管等。塑料管的用途越来越广,很多原来用金属管的场合逐渐被塑料管所代替	

五、化工管路的布置与安装

1. 化工管路的布置原则

工业上的管路布置与安装既要考虑工艺要求,又要考虑经济要求,还要考虑操作方便性与安全性,此外,还要尽可能美观。因此,布置与安装管路时应遵守以下原则。

（1）在工艺条件允许的前提下，应使管路尽可能短，管件和阀门尽可能少，以减少投资，使流体阻力减到最低。

（2）应合理安排管路，使管路与墙壁、柱子或其他管路之间有适当的距离，以便于安装、操作、巡查与检修。例如，管路最突出的部分距墙壁或柱边的净空不应小于100 mm；距管架支柱也不应小于100 mm；两管路的最突出部分间距净空，中压保持40～60 mm，高压保持70～90 mm；在并排管路上安装手轮操作阀门时，手轮间距约100 mm。

（3）排列管路时，通常使热的在上，冷的在下；无腐蚀的在上，有腐蚀的在下；输气的在上，输液的在下；不经常检修的在上，经常检修的在下；高压的在上，低压的在下；保温的在上，不保温的在下；金属的在上，非金属的在下。在水平方向上，通常使常温管路、大管路、振动大的管路及不经常检修的管路靠近墙或柱子。

（4）管子、管件与阀门应尽量采用标准件，以便于安装与维修。

（5）对于温度变化较大的管路必须采取热补偿措施，有凝液的管路要安排凝液排出装置，有气体积聚的管路要设置气体排放装置。

（6）管路通过人行道时高度不得低于2 m，通过公路时不得小于4.5 m，与铁轨不得小于6 m，通过工厂主要交通干线一般为5 m。

（7）一般情况下，管路采用明线安装，但上下水管及废水管采用埋地铺设，埋地安装深度应当在当地冰冻线以下。

在布置管路时，应参阅有关资料，依据上述原则制定方案，确保管路的布置科学、经济、合理、安全。

2. 化工管路的安装原则

（1）化工管路的连接

管子与管子、管子与管件、管子与阀件、管子与设备之间的连接方式主要有4种，即螺纹连接、法兰连接、承插式连接及焊接。

① 螺纹连接是依靠螺纹把管子与管路附件连接在一起，连接方式主要有内牙管、长外牙管及活接头等。通常用于连接天然气、炼厂气、低压蒸汽、水、压缩空气等的小直径管路。安装时，为了保证连接处的密封，常在螺纹上涂上胶黏剂或包上填料。

② 法兰连接是最常用的连接方法，其主要特点是已标准化，装拆方便，密封可靠，适应管径、温度及压力范围均很大，但费用较高。连接时，为了保证接头处的密封，需在两法兰盘间加垫片，并用螺栓将其拧紧。

③ 承插式连接是将管子的一端插入另一管子的钟形插套内，并在形成的空隙中装填料（丝麻、油绳、水泥、胶黏剂、熔铅等）以密封的一种连接方法。主要用于水泥管、陶瓷管和铸铁管的连接，其特点是安装方便，对各管段中心重合度要求不高，但拆卸困难，不能耐高压。

④ 焊接连接是一种方便、价廉、不漏但却难以拆卸的连接方法，广泛使用于钢管、有色金属管及塑料管的连接。主要用在长管路和高压管路中，但当管路需要经常拆卸时，或在不允许动火的车间，不宜采用焊接方法连接管路。

（2）化工管路的热补偿

化工管路的两端是固定的，当温度发生较大的变化时，管路就会因管材的热胀冷缩而承受压力或拉力，严重时将造成管子弯曲、断裂或接头松脱。因此必须采取措施消除这种应力，这就是管路的热补偿。热补偿的方法主要有两种：其一是依靠弯管的自然补偿，通常，当管路转角不大于150°时，均能起到一定的补偿作用；其二是利用补偿器进行补偿，主要有方形、波形及填料3种补偿器。

（3）化工管路的试压与吹扫

化工管路在投入运行之前，必须保证其强度与严密性符合设计要求，因此，当管路安装完毕后，必须进行压力试验，称为试压，试压主要采用液压试验，少数特殊情况也可以采用气压试验。另外，为了保证管路系统内部的清洁，必须对管路系统进行吹扫与清洗，以除去铁锈、焊渣、土及其他污物，称为吹洗。管路吹洗根据被输送介质不同，有水冲洗、空气吹扫、蒸汽吹洗、酸洗、油清洗和脱脂等。

（4）化工管路的保温与涂色

化工管路通常是在异于常温的条件下操作的，为了维持生产需要的高温或低温条件，节约能源，维护劳动条件，必须采取措施减少管路与环境的热量交换，这就叫管路的保温。保温方法是在管道外包上一层或多层保温材料。化工厂中的管路是很多的，为了方便操作者区别各种类型的管路，常常在管外（保护层外或保温层外）涂上不同的颜色，称为管路的涂色。管路涂色有两种方法，其一是整个管路均涂上一种颜色（涂单色），其二是在底色上每间隔2 m涂上一个50～100 mm的色圈。常见化工管路的颜色可参阅手册。如给水管为绿色，饱和蒸汽管为红色。

（5）化工管路的防静电措施

静电是一种常见的带电现象，在化工生产中，电解质之间、电解质与金属之间都会因为摩擦而产生静电，如当粉尘、液体和气体电解质在管路中流动，从容器中抽出或注入容器时，都会产生静电。这些静电如不及时消除，很容易产生电火花而引起火灾或爆炸。管路的抗静电措施主要是静电接地和控制流体的流速。

六、工段拆装流程说明

空气和其他待吸收的气体成分经稳压罐混合均匀并稳压后，进入吸收塔下部。混合气体在吸收塔内与吸收液体逆向接触，气体被吸收液吸收后，由塔顶排出，吸收富液由塔底排出进富液储罐。

富液储罐中的富液经富液泵送至解吸塔上部，与解吸塔底通入的解吸空气在塔内逆向接触，富液中气体被解吸出来。解吸出的气体由塔顶排出放空，解吸后的贫液由解吸塔下部排入贫液储罐。贫液经贫液泵送吸收塔上部循环使用，进行气体吸收。

工段拆装流程图如图2-5所示。

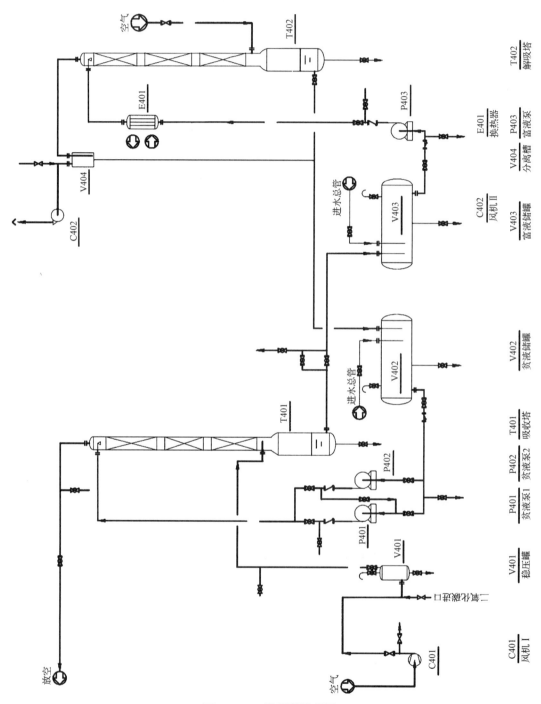

图 2-5 工段拆装流程图

▶ **子任务 3　了解拆装设备** ◀

一、主要静设备

工段拆装操作中主要静设备如表 2-4 所示。

表 2-4　主要静设备说明

序号	名称	规格型号	数量
1	吸收塔	不锈钢 ϕ200 mm×500 mm；不锈钢丝网填料，高度 1 500 mm	1
2	解吸塔	不锈钢 ϕ200 mm×500 mm；不锈钢丝网填料，高度 1 500 mm	1
3	贫液储罐	不锈钢，ϕ426 mm×600 mm	1
4	富液储罐	不锈钢，ϕ426 mm×600 mm	1
5	分离槽	ϕ350 mm×500 mm	1
6	稳压罐	不锈钢，ϕ300 mm×500 mm	1
7	换热器	ϕ200 mm×1 000 mm	1

二、主要动设备

工段拆装操作中主要动设备如表 2-5 所示。

表 2-5　主要动设备说明

序号	名称	规格型号	数量
1	风机	高效旋涡气泵，最大流量 50 m^2/h	2
2	离心泵	不锈钢，正常流量 1～2 m^3/h	3

思政园地

精雕细琢，追求极致

东方电气集团东方电机有限公司水轮机装配特级技师——崔兴国，2024年3月获得2023年"大国工匠年度人物"称号。1991年，崔兴国进入东方电机，从事水轮机装配工作。他30余年扎根一线，攻克多项技术难关，先后牵头主持国内白鹤滩、三峡、溪洛渡、葛洲坝、长龙山、绩溪、敦化，"一带一路"项目柬埔寨桑河、巴基斯坦卡洛特等一大批国内外重大水电工程装配试验工作。以下是崔兴国的自述。

30多年的工作经历，让我明白了一件事——技术创新，永无止境。

2019年1月2日，我和团队奔赴白鹤滩工地，开展世界首台百万千瓦巨型机组转轮静平衡工作。白鹤滩转轮设计标准残余不平衡力矩为183千克·米，我和团队仅用三天时间就完成转轮粗平衡、装焊打磨和精平衡工作，最终转轮残余不平衡力矩只有21 kg·m。正当大家松一口气时，一个近似苛刻的新要求摆在了我们面前：能否实现首台转轮"零残余"的终极目标？

什么是"零残余"？水轮发电机组运行时，转轮不平衡力矩越大，高速转动时的摆动就越大。通过叶片自身的精密装配，将不平衡力矩压缩到最小，实现不平衡力矩为零。但是，"零残余"是静平衡的一个理论存在值，现实中几乎不可能实现。

经过仔细讨论，我和团队决定拼一把。当时，为了消除风吹对平衡的微影响，我们甚至把厂房的大门和窗户都关闭了，然后对平衡底座重新进行近乎苛刻的零偏差水平调整。终于，平衡仪器显示屏上的"两通道"数据变为0：0。成功了！那一刻，我和团队成员兴奋得跳了起来。扎根水电一线30多年，我和团队先后攻克抽水蓄能机组核心部件球阀金属密封渗漏行业难题，实现了球阀零渗漏的常态化；开展了导水机构同心度偏差等22个创新攻关项目，获得专利授权62项；创造了全球单机容量最大功率百万千瓦水电机组白鹤滩转轮平衡的零配重，让设备运行更加平稳。

我还记得刚进厂时，一位姓徐的老师傅经常对我说，要趁着年轻，不懂时多学多问。如今，我也常常和团队里的年轻人交流，要珍惜眼前时光，不断学习知识、完善技能。只有凭着专注和坚守，数十年如一日地追求极致，才能在产品的精雕细琢中实现对关键技术的创新与应用。

任务二　工段拆装岗位操作规程

▶ 子任务 1　工段拆装实训装置操作前准备 ◀

一、拆装前准备工作

1. 绘制工艺流程图

按照化工制图的符号标准,把实际装置绘制成带控制点的工艺流程图,以备安装检查使用。

2. 做好拆前标记工作

根据工艺流程图,对设备中的各个部分进行标识。

(1) 对装置中的阀门做好标记,包括阀门的种类、材质、规格、安装方式、安装位置、连接零部件等。

(2) 对装置中的测量仪表做好标记,测量仪表有温度表、压力表、流量计、液位计等,标注的内容有仪表的规格、显示方式(远传或现场)、安装方式及位置。

(3) 按照化工制图的标准管路表达方法,对设备管路及管件进行标记,保证正确拆装及安装。

(4) 对设备进行标记,同时按照管路编号对设备管口进行标记,确保设备管路连接顺序正确。

二、准备拆装工具

准备好拆装工具并把工具摆放整齐,准备好货架,供摆放测量仪表使用,预留足够的空间方便拆装管路和设备。

▶ 子任务 2　工段拆装实训操作 ◀

一、拆装

可依据工艺流程中物料流向及测量仪表的使用原则,按一定顺序进行拆装,操作时可对测量仪表、管路、设备三个部分分别进行拆装。

1.测量仪表的拆卸

(1)压力表的拆卸:先拆卸现场的压力表,拆卸过程中要减小对压力表盘和缓冲管的震动,压力表分类放在货架上,再拆卸远传压力变送器,拔线时要拿住接头(切不可直接拉线),并且把信号线卷起分类放好。

(2)温度表的拆卸:先进行双金属温度计的拆卸,拆卸过程要轻拿轻放,分类放在货架上,再拆卸铂电阻温度计,拔线时要拿住接头(切不可直接拉线),并且把信号线卷起分类放好。

(3)流量计的拆卸:先对螺纹连接的流量计进行拆卸,拆卸过程中保管好垫片等附件,保持流量计的进出口清洁,并按流量计的不同规格分别放在货架上。法兰连接的流量计与管路同时拆卸。

(4)液位计的拆卸:对法兰式液位计进行拆卸,拆掉液位计的上下接口即可,拆下的液位计按规格不同分别放在货架上。

2.管段的拆卸

管段拆装时,水平方向上可按照物料的流向,竖直方向上按照从上至下的顺序进行拆卸。在拆卸连接在管路中的法兰式流量计时,拆卸的顺序是:先拆上方的管段,再拆流量计,最后拆流量计下方的管段,同时,对拆卸下来的管段及管件分类摆放整齐。

3.设备的拆卸

(1)吸收塔和解吸塔的拆卸:先拆卸塔顶部,然后按从上到下的顺序逐节将塔节拆卸下来,在拆卸过程中要注意观察塔的内部结构及填料的种类及规格。塔节拆卸完毕,最后把塔釜从支架上拆掉。要按一定顺序摆放好塔的各组成部分,标记好法兰(及配套固定件)的规格及连接位置并按一定顺序摆放整齐。

(2)换热器的拆卸:先拆卸换热器的上封头,然后拆卸固定支脚,最后拆卸换热器的下封头,拆卸过程中要注意观察列管的规格和排列方式。

二、安装前准备

1.对法兰及活接等密封面、密封件进行清理,务必清理掉所有的杂质及污物,特别注意密封面凹槽中的杂物要清理彻底,如果法兰面损坏则需要修补或更换。

2.装置中所有的垫片要清洗干净,保证垫片干净完整,破损或变形的垫片应更换。

3.对弯头、三通、紧固件等连接管件进行检查,如果有砂眼、裂纹、偏扣、乱扣、丝扣不全或角度不准等现象要及时更换。

4.对各种阀门进行检查,保证其外观规矩无损伤,阀体严密性好,阀杆不得弯曲,如不符合要求需要及时修补或更换。

三、安装

1.设备安装

(1)吸收塔和解吸塔的安装:先把塔釜支脚固定在支架上,然后按从下至上的顺序安装塔节,最后安装塔顶部分。

（2）换热器的安装:先安装换热器的两个封头,注意冷（热）物料进出口管口安装方向正确,换热器的两个封头安装好后把换热器固定在支架上。

2. 管路的安装

在安装管路时,可从吸收塔或解吸塔等设备接口处开始安装,安装过程中要注意:

（1）尽量保证管路走向横平竖直,拐角时要走直角。

（2）正确选择阀门种类及方向。

（3）活接、弯头、垫片等管件齐全完好。

（4）因流量计的易碎性质,要轻拿轻放,并保证安装方向正确。

3. 测量仪表的安装

（1）液位计的安装:安装液位计的上下接口时,要保持液位计刻度及接口处清洁,保证安装方向正确。

（2）温度计的安装:安装过程要轻拿轻放,先安装双金属温度计,再安装铂电阻温度计。

（3）流量计的安装:对螺纹连接的流量计进行安装时,要正确检查流量计的规格。安装时要确保方向竖直,保持流量计畅通及进出口清洁。

（4）压力表的安装:先安装现场的压力表,安装过程中要保护好表盘和缓冲管,再安装远传压力变送器。

四、检查试水

向贫液储罐及富液储罐内通入自来水至其体积的 $1/2\sim2/3$,进行设备的试水实验,启动离心泵,向塔内进水,检查设备、管路是否有泄漏点,发现漏点及时检修;检查仪表安装是否正确,发现错误及时处理。

五、工段装置试运行

可以直接使用自来水及空气进行模拟气液吸收-解吸实验,目的是检查设备、仪表的安装是否正确,能否正常工作。具体步骤如下:

1. 向储罐内加水

（1）关闭各设备排污阀,开贫液储罐、富液储罐、吸收塔、解吸塔的放空阀。

（2）开贫液储罐进水阀,向贫液储罐内加入清水,至贫液储罐液位 $1/2\sim2/3$ 处,关进水阀;开富液储罐进水阀,向富液储罐内加入清水,至富液储罐液位 $1/2\sim2/3$ 处,关进水阀。

2. 液相开车

（1）开启贫液泵进水阀、启动贫液泵、开启贫液泵出口阀,向吸收塔送入水,调节贫液泵出口流量为 1 m³/h,开启吸收塔出口阀,控制吸收塔液位在 $1/3\sim2/3$ 处。

（2）开启富液泵进水阀，启动富液泵，开启富液泵出口阀，调节富液泵出口流量至 0.5 m³/h。

（3）调节富液泵、贫液泵至出口流量趋于相等，控制富液储罐和贫液储罐液位处于 1/3～2/3 处，调节整个系统液位、流量稳定。

3. 气液联动开车

（1）启动风机，打开风机Ⅰ出口阀、稳压罐出口阀向吸收塔供气，逐渐调整出口风量为 2 m³/h。

（2）调节吸收塔顶放空阀，控制塔内压力在 0 kPa～7.0 kPa。

（3）吸收塔气液相开车稳定后，进入解吸塔气相开车阶段。启动风机Ⅱ，打开解吸塔气体调节阀，调节气体流量在 4 m³/h，缓慢开启风机Ⅱ出口阀，调节塔釜压力在 −7.0 kPa～0 kPa，稳定解吸塔液位在可视范围内。

（4）系统稳定半小时后，观察管路运行是否正确、设备及仪表是否正常。

子任务 3　工段拆装实训停车操作

一、停车操作

1. 停吸收风机，停解吸风机。
2. 关闭釜液泵出口阀，停富液泵。
3. 关闭贫液泵出口阀，停贫液泵。
4. 将塔内残液排入下水系统。
5. 切断装置电源，做好现场清理工作。

二、注意事项

1. 拆卸过程中，要保管好垫片、法兰及其紧固件。

2. 测量仪表是精密仪器，拆卸和安装过程要小心轻放，且仪表本身不能再拆卸。

3. 管路的安装应保证横平竖直，水平管安装偏差不大于 15 mm/10 m，全长水平安装偏差不能大于 50 mm，垂直管安装偏差不能大于 10 mm。

4. 阀门安装时应先把阀门清理干净，并处于关闭状态，再进行安装，单向阀、截止阀及调节阀安装时应注意介质流向，并留有合理的操作空间。

5. 法兰安装要做到对得正、不反口、不错口、不张口，法兰密封面清理干净，其表面不得有沟纹；垫片的位置要放正，不能加入双层垫片；在紧螺栓时要按对称位置的顺序拧紧，紧好之后螺栓两头应露出 2～4 扣。

6. 安全生产，控制好吸收塔和解吸塔液位。富液储罐液封操作，严防气体在贫液储罐和富液储罐间互串；严防液体进入风机Ⅰ和风机Ⅱ。

7. 注意泵密封，防止泄漏，严防泵发生汽蚀现象。

8. 注意塔、储罐液位变化和泵出口压力变化，尽快达到系统操作稳定。

 **拓展提升**

"管"中送"碳"——技术创新让二氧化碳管输更稳定、更高效、更安全

七月的齐鲁大地骄阳似火，一条"管道长龙"蜿蜒百公里，一头连接"化工碳源企业"，一头连接"油田碳汇企业"，在超临界压力下源源不断地输送着工业级、高纯二氧化碳。作为我国首条百万吨、百公里高压常温密相二氧化碳输送管道，齐鲁石化-胜利油田百万吨级CCUS示范项目二氧化碳输送管道自开工建设以来就一直备受瞩目，每一步进展都振奋人心。

"齐鲁石化碳捕集装置区日常使用10个罐车充装接驳位，没建管道之前，每天前来充装的罐车络绎不绝，将满载的高纯液态二氧化碳运往纯梁采油厂用于驱油。罐车容积大多在360千克，高峰时每天会有70辆车前来充装，一年下来运输车辆就需要4万车次，车用燃料达到200万标方。"中石化石油工程设计公司齐鲁石化-胜利油田百万吨级CCUS示范项目二氧化碳输送管道BEPC项目副经理孙大勇算了一笔账，车载运力除了受下游注入需求的变化影响外，在人口密集的山东，公路运输的安全风险以及对交通资源的占用，也是影响运输成本的重要因素。"我们的管道投运后，节省了车辆、人工、燃料，高压下的二氧化碳液体通过深埋于地下的管道输送，也比每天穿梭于繁忙的公路来得更平稳、更高效、更安全！"

"为了最优质地实现'管'中送'碳'，我们的管道建设体现出了'新、高、快、全'的特点，"该工程管输技术团队成员、BEPC项目部副经理范振宁总结说。"新"是指进军绿色低碳新领域、采用"技术创新＋工程示范"新模式、实现了管输介质由油气向二氧化碳转变的新突破；"高"是指管道设计压力12兆帕、年输量100万吨、管道距离109公里等参数均达到国内最高水平，应用"五化＋标准化工地"高标准开展工程建设，管道建设质量达到新的高度，一次焊接合格率达99.5％；"快"是指仅用3个月完成施工图设计，克服疫情影响，用时8个月实现高效建设，同时技术服务与现场问题处置做到了快速响应；"全"是指技术团队参与了二氧化碳管输技术的研发、转化和应用的全过程，打通了二氧化碳捕集、输送、注入的全链条，服务范围涵盖了工程建设、投产和运维的全周期。

"管"中送"碳"，送出的是贯彻落实党的二十大报告中关于"广泛形成绿色生产生活方式，碳排放达峰后稳中有降，生态环境根本好转"重要指示的具体实践，送来的是石油工程设计公司在大规模、长距离二氧化碳运输关键技术的攻关及技术应用方面"从无到有、从基础研究到工程应用、从十万吨到百万吨"的成功跨越。目前，该公司已形成了包含低成本高效二氧化碳捕集技术、大规模二氧化碳管输技术、二氧化碳驱油封存及地面工程技术、与碳排放权交易CCER相关的配套保障技术、CCUS全流程标准体系建设等在内的"CCUS全产业链技术"，打造了一支具有超强战斗力的CCUS技术创新团队，为CCUS产业链发展提供了充分的技术策源支撑，有效助推国家"双碳"目标的实现。

 **实训考评**

一、工段拆装项目考核评分

项目	考核内容及配分	评分标准	记录	扣分
着装 (5分)	穿戴是否规范(5分)	1. 没有穿规定实训服扣5分 2. 没有戴安全帽扣5分;扣完为止		
装备工具 (10分)	领用评分(8分)	1. 所有物件一次性领到位,多领或少领或错领,每件扣1分;没有记录每件加扣2分,扣完为止 2. 检查水电是否切断,是否挂安全标识,每项扣2分,扣完为止		
	工具摆放(2分)	桌面上摆放是否整齐有序,视情况扣分		
拆卸检修 (20分)	液体放尽(2分)	拆除时有连续水流流出扣2分		
	拆除设备(15分)	1. 拆卸过程是否合理有序,是否有部件的检查行为,错误一项扣2分 2. 小组人员进行高空作业,任务分配是否合理,若不合理扣4分 3. 泵进、出口管线可同时安装和拆除,安装、拆除顺序不合理扣2分;扣完为止		
	拆除后,摆放是否整齐(3分)	1. 拆除后管件上的生料带没有清理干净,扣1分 2. 未摆放有序整齐,扣1分		
安装以及压力试验 (60分)	管段、阀门、仪表有无装错(10分)	1. 管段装错,每件扣1分,扣完为止 2. 阀门按图装错或方向装反,每个扣2分,扣完为止 3. 流量计、压力表装错,每个扣1分,扣完为止		
	每对法兰连接是否用同一规格螺栓安装,方向是否一致(10分)	1. 法兰螺栓规格安装错,每错一个扣1分,扣完为止 2. 法兰螺栓方向错,每错一个扣1分,扣完为止 3. 每只螺栓加垫圈不超过一套,否则扣1分		
	密封材料是否更换(5分)	1. 需更换新密封垫片,没换每次扣2分 2. 自制石棉垫片,尺寸不合适扣2分		
	有无用铁质工具敲击,垫片是否装错(5分)	1. 有用铁质工具敲击一次扣1分,扣完为止 2. 密封垫片每装错一个扣1分,扣完为止		
	法兰安装是否不平行,偏心(5分)	1. 每对法兰只要有一只螺栓选错,该对法兰扣2分,扣完为止 2. 法兰安装紧固方法为对角紧固,否则扣2分		

项目	考核内容及配分	评分标准	记录	扣分
安装以及压力试验(60分)	试压前,阀门开关闭状态(5分)	1. 试压时用到阀门,每只阀开关状态不正确扣2分,扣完为止 2. 试压结束后,是否排尽液体,不正确扣2分		
	试压若不合格返修过程是否正确(5分)	带压返修一次扣2分,扣完为止		
	是否安全操作(10分)	撞头、伤害到别人或自己不安全操作每次扣2分,扣完为止		
	是否服从管理(5分)	视具体情况扣分		
拆装效率(5分)	效率是否达标(5分)	在____分钟内完成不扣分,每增加10分钟扣____分,扣完为止		

二、实训报告要求

1. 认真、如实填写实训操作记录表。
2. 总结工段拆装的操作要点。
3. 提出提高工段拆装速度的操作建议。

三、实训问题思考

1. 化工管路的布置原则有哪些?
2. 化工管路的连接形式有哪些?
3. 管路拆装的原则有哪些?
4. 阀门、流量计安装中要注意哪些问题?

项目三

流体输送单元操作实训

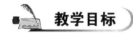

教学目标

素质目标	1. 具有团结协作、诚实守信、爱岗敬业的职业素养 2. 具有精细严谨、求真务实的工作态度 3. 具有服从安排、严格遵守操作规程的职业道德 4. 培养学生安全生产、规范操作的意识 5. 培养学生的自我学习能力,勇于创新的科学态度和踏实能干、任劳任怨的工作作风
知识目标	1. 了解流体输送在化工生产中的作用和定位、发展趋势及新技术应用 2. 掌握流体输送工艺过程的原理 3. 熟悉流体输送单元实训操作要点 4. 了解流体输送操作的影响因素 5. 熟悉流体输送实训装置的特点及设备、仪表标识 6. 掌握流体输送实训装置的开车操作、停车操作的方法及考核评价标准
技能目标	1. 能讲述流体输送实训装置的工艺流程 2. 会识读、绘制流体输送单元工艺流程图 3. 能对主要工艺指标(液位、压力、流量、温度等)进行合理调整 4. 会进行流体输送装置开车、停车及事故处理等操作 5. 会监控装置正常运行的工艺参数及记录数据表,并进一步分析影响流体输送效果的因素 6. 能及时判断异常状况,会分析发生异常工况的原因,对异常工况进行处理

实训任务

通过流体输送实训装置内外操协作,懂得流体输送的工艺流程与原理,掌握实训装置的 DCS 操作并对异常工况进行分析与处理。本项目所针对的工作内容主要是对流体输送实训装置的操作与控制,具体包括:流体输送工艺流程、工艺参数的调节、开车和停车操作、事故处理等环节,培养分析和解决化工单元操作中常见实际问题的能力。

以 3～4 位同学为小组,根据任务要求,查阅相关资料,制定并讲解操作计划,完成装置操作,分析和处理操作中遇到的异常情况,撰写实训报告。

任务一 流体输送装置工艺技术规程

▶ 子任务 1 认识流体输送装置 ◀

一、装置特点

流体指具有流动性的物体,包括液体和气体。化工生产中所处理的物料大多为流体。这些物料在生产过程中往往需要从一个车间转移到另一个车间,从一个工序转移到另一个工序,从一个设备转移到另一个设备。因此,流体输送是化工生产中最常见的单元操作,做好流体输送工作,对化工生产过程有着非常重要的意义。

本流体输送装置设计导入工业泵组、罐区设计概念,着重于流体输送过程中的压力、流量、液位控制,采用不同流体输送设备(离心泵、压缩机、真空泵)和输送形式(动力输送和静压输送),并引入工业流体输送过程常见安全保护装置。

二、装置组成

本实训装置主要有以下几个部分组成:原料配置单元、离心泵组单元、高位槽单元、合成器单元、水电系统和装置 DCS 操作平台。

▶ 子任务 2 熟悉流体输送工艺原理及过程 ◀

一、工艺原理

流体输送工艺指通过管道、泵站、阀门等设备将液体、气体或固体颗粒悬浮在流体中的混合物等输送到目标地点的工艺。它在许多领域中都有广泛的应用,如石油化工、水处理、食品加工等。本实训装置主要是通过离心泵将原料送至高位槽、合成器单元。离心泵作为本装置的核心部分,其原理如下:

离心泵是一种常见且广泛应用的流体输送设备。离心泵将液体吸入泵体的中心,然后通过旋转的叶轮加速液体,并将其从叶轮的外缘抛出,从而实现液体的输送(图 3-1)。

以下将详细介绍离心泵的工作过程。

1. 吸入过程

离心泵的工作过程始于液体从进水口进入泵体,通过泵的吸入管道进入泵的中心。

在此过程中,泵的叶轮还未开始旋转,液体的进入是由外部压力驱动的。

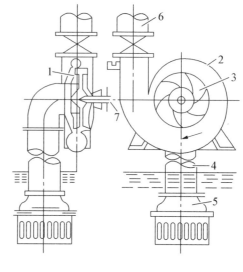

离心泵

1—叶轮;2—泵;3—叶片;4—吸入导管;
5—底阀;6—压出导管;7—泵轴。

图 3-1　离心泵的构造和装置

2. 加速过程

一旦液体进入泵体,叶轮开始高速旋转。叶轮的旋转产生了离心力,这是离心泵工作的关键。离心力使得液体被从叶轮的中心向外推离,液体因此获得了高速度和动能。

3. 推出过程

通过叶轮的旋转,液体在叶轮的外缘被迅速推出。由于液体的速度增加,其动能也相应增加。液体从叶轮的外缘进入离心泵的出口管道,准备进入下一个输送阶段。

4. 出口过程

在液体被推出叶轮的同时,进一步通过出口管道输送至目标位置。离心泵的出口通常与流体的输送目标连接,可以是供水管道、加工生产设备等。

离心泵的工作过程可概括为液体吸入、加速、推出和输送的过程。其工作原理基于离心力的作用,通过叶轮的旋转将液体加速并推向出口。这种工作原理使得离心泵在许多应用领域中广泛使用,包括供水、排水、化工、能源等,为流体输送提供了有效的解决方案。

二、工艺流程说明

流体输送单元实训装置流程:原料槽 V101 料液输送到高位槽 V102(有三种途径:由 1#泵或 2#离心泵输送、1#泵和 2#泵串联输送、1#泵和 2#泵并联输送),高位槽 V102 内料液通过三根平行管(一根可测离心泵特性、一根可测直管阻力、一根可测局部阻力)进入吸收塔 T101 上部,与下部上升的气体充分接触后,从吸收塔底部排出,返回原料槽 V101 循环使用。其流程图如图 3-2 所示。

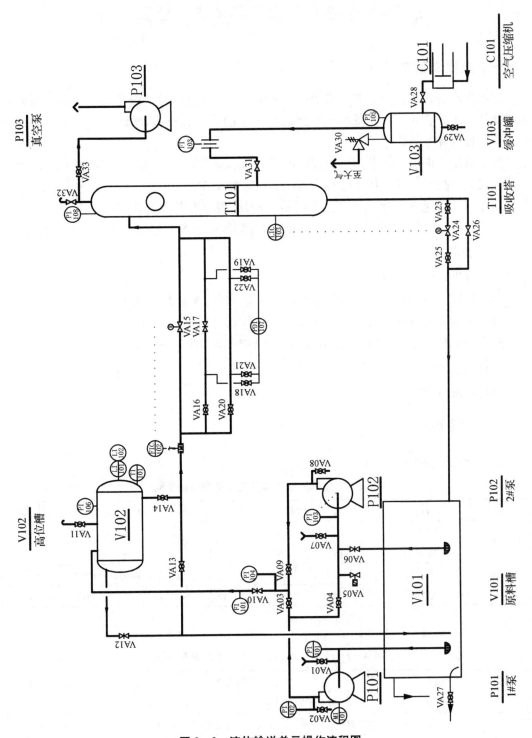

图 3 - 2 流体输送单元操作流程图

▶ 子任务3 了解工艺参数及设备 ◀

一、主要工艺参数

化工生产对各工艺变量有一定的控制要求。有些工艺变量对产品的数量和质量起着决定性的作用。有些工艺变量虽不直接影响产品的数量和质量,然而保持其平稳却是使生产获得良好控制的前提。

为了满足实训操作需求,可以有两种控制方式,一是人工控制,二是自动控制,即使用自动化仪表等控制装置代替人的观察、判断、决策和操作。

先进的控制策略在化工生产过程的推广应用,能够有效提高生产过程的平稳性和产品质量的合格率,对于降低生产成本、节能减排降耗、提升企业的经济效益具有重要意义。

1. 压力控制

离心泵进口压力:-15 kPa~-6 kPa。

1#泵单独运行时出口压力:0.15 MPa$\sim$0.27 MPa(流量为 $0\sim6$ m^3/h)。

两台泵串联时出口压力:0.27 MPa$\sim$0.53 MPa(流量为 $0\sim6$ m^3/h)。

两台泵并联时出口压力:0.12 MPa$\sim$0.28 MPa(流量为 $0\sim7$ m^3/h)。

2. 液位控制

吸收塔液位:$1/3\sim1/2$。

二、主要设备

1. 主要静设备(表 3-1)

表 3-1 流体输送实训装置主要静设备说明

序号	名称	规格	容积(估算)	材质	结构形式
1	吸收塔	ϕ325 mm×1 300 mm	110 L	304 不锈钢	立式
2	高位槽	ϕ426 mm×700 mm	100 L	304 不锈钢	立式
3	缓冲罐	ϕ400 mm×500 mm	60 L	304 不锈钢	立式
4	原料槽	1 000 mm×600 mm×500 mm	3 000 L	304 不锈钢	立式

2. 主要动设备(表 3-2)

表 3-2 流体输送实训装置主要动设备说明

编号	名称	规格型号	数量
1	1#泵	离心泵,$P=0.5$ kW,流量 $Q_{max}=6$ m^3/h,$U=380$ V	1
2	2#泵	离心泵,$P=0.5$ kW,流量 $Q_{max}=6$ m^3/h,$U=380$ V	1
3	真空泵	旋片式,$P=0.37$ kW,真空度 $P_{max}=-0.06$ kPa,$U=220$ V	1
4	空气压缩机	往复空压机,$P=2.2$ kW,流量 $Q_{max}=0.25$ m^3/min,$U=220$ V	1

思政园地

致敬工匠，弘扬工匠精神

一双焊工皮鞋，一身洗得泛白的蓝色工作服，一辆老式自行车，是"七一勋章"获得者艾爱国的常规装扮。艾爱国是湘潭钢铁集团有限公司的焊接顾问，他始终坚持"坚守基层岗位，做好基层工作"的信念，始终践行"当一名好工人树一面好旗帜"使命，同时要求自己"无论在哪里都要敢于当先锋"，"要么不做，要么做到极致"。这样吃苦耐劳，勇于创新、敢于挑战的工匠精神是人们应该要致敬，同时应该积极弘扬传承的。"劳模专业户"首先就应该是"吃苦专业户"，这是他对基层工作的侧面阐释。

从 19 岁到 74 岁，50 多年来，共产党员艾爱国坚守基层岗位，攻克焊接技术难关 400 多个，改进工艺 100 多项，多次参与我国重大项目焊接技术攻关和特种钢材焊接性能试验。他主持的湘钢板材焊接实验室，被湖南省列为焊接工艺技术重点实验室，被全国总工会命名为"全国示范性劳模创新工作室"。多年来，在全国培养焊接技术人才 600 多名。

我们致敬楷模，但同时更要将"工匠精神"铭记心中，并转化为实际行动。坐而论道，不如起而行之。"工匠精神"早已成为社会热词，成为社会的价值标杆，将其真正贯彻到我们的日常生活工作中，让其真正扎根在我们的精神价值和理想信念中，才是我们真正期待与呼唤的。

任务二　流体输送装置岗位操作规程

子任务 1　流体输送实训装置开车前的准备与检查

一、开车前的准备工作

1. 对参与实训的人员进行安全培训:安全培训包括机泵的正常开启、实训过程中紧急情况的处理等,应确保每位操作人员都熟悉实训室的安全规范和操作规程。

2. 做好安全防护工作:要求实训人员穿着整洁的实训服,佩戴好安全帽、安全防护眼镜、手套等防护用品,以减少实训过程中可能发生的伤害。

3. 编制开车方案:组织讨论并汇报指导教师。

4. 做好开车前的组织安排(内外操)以及常用工具材料的准备工作。

5. 根据实训内容准备好所需的试剂,并确保其质量符合实训要求。

6. 确保水、电供应正常。

7. 对机泵、吸收塔、高位槽、缓冲罐、阀门、仪表等进行检查,使之处于良好的备用状态。

8. 准备好操作记录单,以便在实训过程中记录实验数据和观察结果。

二、开车前的检查工作

1. 检查

(1) 由相关操作人员组成装置检查小组,对本装置所有设备、管道、阀门、仪表、电气、照明、分析、保温等按工艺流程图要求和专业技术要求进行检查。

(2) 检查所有仪表是否处于正常状态。

(3) 检查所有设备是否处于正常状态。

2. 试电

(1) 检查外部供电系统,确保控制柜上所有开关均处于关闭状态。

(2) 开启外部供电系统总电源开关。

(3) 打开控制柜上空气开关。

(4) 打开空气开关,打开仪表电源开关。查看所有仪表是否上电,指示是否正常。

(5) 将各阀门顺时针旋转操作到关的状态。检查孔板流量计正压阀和负压阀是否均处于开启状态(实验中保持开启)。

3. 加装实训用水

关闭原料槽排水阀(VA25),原料槽加水至浮球阀关闭,关闭自来水。

▶ 子任务2　流体输送实训装置正常开车操作 ◀

一、输送过程

1. 单泵实验(1♯泵)

方法一:开阀 VA03,开溢流阀 VA12,关阀 VA04、阀 VA06、阀 VA09、阀 VA13、阀 VA14,放空阀 VA11 适当打开。液体直接从高位槽流入原料槽。

方法二:开阀 VA03,关溢流阀 VA12,关阀 VA04、阀 VA06、阀 VA09、阀 VA11、阀 VA13、阀 VA12、阀 VA16、阀 VA20、阀 VA18、阀 VA21、阀 VA19、阀 VA22、阀 VA17、阀 VA33、阀 VA31。放空阀 VA32 适当打开,打开阀 VA14、阀 VA23、阀 VA25 或打开旁路阀 VA26(适当开度),液体从高位槽经吸收塔流入原料槽。

启动 1♯泵,开阀 VA10(泵启动前关闭,泵启动后根据要求开到适当开度),由阀 VA10 或电动调节阀 VA15 调节液体流量分别为 2 m³/h、3 m³/h、4 m³/h、5 m³/h、6 m³/h、7 m³/h。在 C3000 仪表上或监控软件上观察离心泵特性数据。等待一定时间后(至少 5 min),记录相关实验数据。

2. 泵并联操作

方法一:开阀 VA03、阀 VA09、阀 VA06、阀 VA12,关阀 VA04、阀 VA13、阀 VA14,放空阀 VA11 适当打开。液体直接从高位槽流入原料槽。

方法二:开阀 VA03、阀 VA09、阀 VA06,关溢流阀 VA12,关阀 VA04、阀 VA11、阀 VA13、阀 VA12、阀 VA16、阀 VA20、阀 VA18、阀 VA21、阀 VA19、阀 VA22、阀 VA17、阀 VA33、阀 VA31。放空阀 VA32 适度打开,打开阀 VA14、阀 VA23、阀 VA25 或打开旁路阀 VA26(适当开度),液体从高位槽经吸收塔流入原料槽。

启动 1♯泵和 2♯泵,由阀 VA10(泵启动前关闭,泵启动后根据要求开到适当开度)或电动调节阀 VA15 调节液体流量分别为 2 m³/h、3 m³/h、4 m³/h、5 m³/h、6 m³/h、7 m³/h,在 C3000 仪表上或监控软件上观察离心泵特性数据。等待一定时间后(至少 5 min),记录相关实验数据。

3. 泵串联操作

方法一:开阀 VA04、阀 VA09、阀 VA06、阀 VA12,关阀 VA03、阀 VA13、阀 VA14,放空阀 VA11 适当打开。液体直接从高位槽流入原料槽。

方法二:开阀 VA04、阀 VA09、阀 VA06,关溢流阀 VA12,关阀 VA03、阀 VA11、阀 VA13、阀 VA12、阀 VA16、阀 VA20、阀 VA18、阀 VA21、阀 VA19、阀 VA22、阀 VA17、阀 VA33、阀 VA31。放空阀 VA32 适度打开,打开阀 VA14、阀 VA23、阀 VA25 或打开旁路阀 VA26(适当开度),液体从高位槽经吸收塔流入原料槽。

启动 1♯泵和 2♯泵,由阀 VA10(泵启动前关闭,泵启动后根据要求开到适当开度)或电动调节阀 VA15 调节液体流量分别为 2 m³/h、3 m³/h、4 m³/h、5 m³/h、6 m³/h、7 m³/h,在 C3000 仪表上或监控软件上观察离心泵特性数据。等待一定时间后(至少 5 min),记录相关实验数据。

4. 泵的联锁投运

(1) 切除联锁,启动 2♯泵至正常运行后,投运联锁。

(2) 设定好 2♯泵进口压力报警下限值,逐步关小阀门 VA10,检查泵运转情况。

(3) 当 2♯泵有异常声音产生、进口压力低于下限时,操作台发出报警,同时联锁起动:2♯泵自动跳闸停止运转,1♯泵自动启动。

(4) 保证流体输送系统的正常稳定进行。

注:投运时,阀 VA03、阀 VA06、阀 VA09 必须打开,阀 VA04 必须关闭。当单泵无法启动时,应检查联锁是否处于投运状态。

二、真空输送实验

在离心泵处于停车状态下进行。

1. 开阀 VA03、阀 VA06、阀 VA09、阀 VA14。

2. 关阀 VA12、阀 VA13、阀 VA16、阀 VA20、阀 VA23、阀 VA25、阀 VA24、阀 VA26、阀 VA17、阀 VA18、阀 VA21、阀 VA22、阀 VA19,并在阀 VA31 处加盲板。

3. 开阀 VA32、阀 VA33 至适度开度后,再启动真空泵,用阀 VA32、阀 VA33 调节吸收塔内真空度,并保持稳定。

4. 用电动调节阀 VA15 控制流体流量,使在吸收塔内均匀淋下。

5. 当吸收塔内液位达到 1/3~2/3 时,关闭电动调节阀 VA15,开阀 VA23、阀 VA25,并通过电动调节阀 VA24 控制吸收塔内液位稳定。

三、配比输送

以水和压缩空气作为配比介质,模仿实际的流体介质配比操作。以压缩空气的流量为主流量,以水作为配比流量。

1. 检查阀 VA31 处的盲板是否已抽除、阀 VA31 是否在关闭状态。

2. 开阀 VA32、阀 VA03,关溢流阀 VA12,关阀 VA04、阀 VA28、阀 VA31、阀 VA06、阀 VA09、阀 VA11、阀 VA13、阀 VA12、阀 VA16、阀 VA20、阀 VA18、阀 VA21、阀 VA19、阀 VA22、阀 VA17、阀 VA33、阀 VA31。放空阀 VA32 适当打开,打开阀 VA14、阀 VA23、阀 VA25 或打开旁路阀 VA26(适当开度),液体从高位槽经吸收塔流入原料槽。

3. 按上述步骤启动 1♯水泵,调节 FIC102 流量在 4 m³/h 左右,并调节吸收塔液位在 1/3~2/3。

4. 启动空气压缩机,缓慢开启阀 VA28,观察缓冲罐压力上升速度,控制缓冲罐压力不大于 0.1 MPa。

5. 当缓冲罐压力达到 0.05 MPa 以上时,缓慢开启阀 VA31,向吸收塔送空气,并调节

FI103 流量在 8～10 m³/h。

6. 根据配比需求,调节 VA32 的开度,观察流量大小。若投自动,在 C3000 仪表中设定配比值(1∶2/1∶1/1∶3),再进行自动控制。

四、管阻力实验

1. 光滑管阻力测定

在上述单泵操作的基础上,启动 1♯泵,开阀 VA03、阀 VA14、阀 VA20、阀 VA21、阀 VA22、阀 VA23、阀 VA25、旁路阀 VA26,关阀 VA04、阀 VA09、阀 VA06、阀 VA13、阀 VA16、阀 VA17、阀 VA18、阀 VA19、电动调节阀 VA15、阀 VA33、阀 VA31,阀 VA32 适度打开。用阀 VA10(泵启动前关闭,泵启动后根据要求开到适当开度)或电动调节阀 VA15 调节流量分别为 1 m³/h、1.5 m³/h、2 m³/h、2.5 m³/h、3 m³/h,记录光滑关阻力测定数据。

2. 局部阻力管阻力测定

由上述 1 操作状态切换,即启动 1♯泵,开阀 VA03、阀 VA14、阀 VA16、阀 VA18、阀 VA19、阀 VA23、阀 VA25、旁路阀 VA26,关阀 VA04、阀 VA09、阀 VA06、阀 VA13、阀 VA20、阀 VA21、阀 VA22、电动调节阀 VA15、阀 VA33、阀 VA31,阀 VA32 适度打开。用阀 VA10(泵启动前关闭,泵启动后根据要求开到适当开度)或电动调节阀 VA15 调节流量分别为 1 m³/h、1.5 m³/h、2 m³/h、2.5 m³/h、3 m³/h,记录局部阻力管阻力测定数据。

五、正常运行

监视各控制参数是否稳定,当液位稳定时,记录相关参数值(见表 3-3)。

表 3-3　流体输送操作数据记录表

工艺参数	记录项目	1	2	3	4	5
	时间/min					
流量 F /(m³·h⁻¹)	转子流量计流量					
液位 L/mm	原料槽液位					
	高位槽液位					
压力 P/MPa	1♯泵进口压力					
	1♯泵出口压力					
异常现象记录						
记录人	时间					

▶ 子任务 3　流体输送实训装置停车操作 ◀

一、停车准备工作

1. 装置停车要做到安全、稳定、文明、卫生,做到团队协作统一指挥,各岗位密切配合。

2. 停车要做到"十不":不超温,不超压,不跑油,不串油,不着火,不冒罐,不水击损坏设备,设备管线内不存物料,降量不出次品,不拖延时间停车。

3. 组员熟悉停车方案安排、工作计划以及岗位间的衔接。

4. 准备好停车期间的使用工具。

5. 准备好将高位槽、合成器液体返回至原料槽。

6. 关好水电、仪器设备,确保设备回到初始开车状态。

二、装置停车操作

1. 按操作步骤分别停止所有运转设备。

2. 打开阀 VA11、阀 VA13、阀 VA14、阀 VA16、阀 VA20、阀 VA32、阀 VA23、阀 VA25、阀 VA26、阀 VA24,将高位槽 V102、吸收塔 T101 中的液体排空至原料槽 V101。

3. 检查各设备、阀门状态,做好记录。

4. 关闭控制柜上各仪表开关。

5. 切断装置总电源。

6. 清理现场,做好设备、电气、仪表等防护工作。

三、紧急停车

遇到下列情况之一者,应紧急停车处理:

1. 泵内发出异常的声响。

2. 泵突然发生剧烈振动。

3. 电机电流超过额定值持续不降。

4. 泵突然不出水。

5. 空压机有异常的声音。

6. 真空泵有异常的声音。

四、设备维护及检修

1. 定期进行风机的开、停,正常操作及日常维护。

2. 系统运行结束后,相关操作人员应对设备进行维护,保持现场、设备、管路、阀门清洁,方可离开现场。

3. 定期组织学生进行系统检修演练。

任务三　流体输送实训装置常见事故处理

流体输送实训装置常见事故处理方法如表3-4所示。

表3-4　流体输送实训装置常见事故处理

序号	异常现象	原因分析	处理方法
1	泵启动时不出水	检修后电机接反电源;启动前泵内未充满水;叶轮密封环间隙太大;入口法兰漏气	重新接电源线;排净泵内空气;调整密封环;消除漏气缺陷
2	泵运行中发生振动	地脚螺丝松动;原料槽供水不足;泵壳内气体未排净或有汽化现象;轴承盖紧力不够,使轴瓦跳动	紧固地脚螺丝;补充原料槽内水;排尽气体重新启动泵;调整轴承盖紧力为适度
3	泵运行中异常声音	叶轮、轴承松动;轴承损坏或径向紧力过大;电机有故障	紧固松动部件;更新轴承;调整紧力适度;检修电机
4	压力表读数过低(压力表正常)	泵内有空气或漏气严重;轴封严重磨损;系统需水量大	排尽泵内空气或堵漏;更换轴封;启动备用泵

 **拓展提升**

一体化泵站

一体化泵站在城市供水系统中起着至关重要的作用。它们被广泛用于水厂、水处理设施和管网系统中,用于抽水、输送和提升水源,确保城市居民日常生活用水的正常供应。

一体化泵站也被广泛应用于农业灌溉系统中。农田灌溉是农业生产中不可或缺的环节,而一体化泵站能够有效地提供所需的水源,并将水输送到农田中,满足作物的生长需求,提高农业产量。

一体化泵站还常见于工业生产中。许多工业生产过程需要大量的水资源供应,一体化泵站能够高效地将水源输送到生产设备中,满足工业生产的需求。例如,制造业、化工厂、石油化工等行业都需要大规模的水源供应,一体化泵站在其中发挥着重要的作用。

除此之外,一体化泵站还可以用于污水处理系统中。在城市污水处理过程中,一体化泵站用于将污水抽送到处理设施中进行处理,确保城市环境的卫生和清洁。

总之,一体化泵站在生活中的应用非常广泛,涵盖了城市供水、农业灌溉、工业生产和污水处理等多个领域。它们的存在和运行,为我们的生活提供了便利和保障。

 **实训考评**

一、流体输送开停车项目考核评分

考核内容	考核项目	评分要素	评分标准	配分
开车准备（22分）	主要设备仪表识别	① 3位操作人员依据角色分配,自行进入操作岗位(1分) ② 外操到指定地点拿标识牌:V101、V102、P101、P102、VA14、压力变送器、流量计,分别挂牌到对应的设备及仪表上(6分)	每挂错1个牌扣1分,无汇报扣1分	7分
	阀门标示牌标识	① 按工艺流程,班长检查开车前各阀门的开关状态,找出2处错误的阀门开关状态,并挂红牌标识,并将错误的阀门进行更正(2分) ② 检查外部供电系统,确保控制柜上所有开关均处于关闭状态,开启外部供电系统总电源开关(1分) ③ 主操启动总电源,打开仪表电源,开机进入DCS界面(1分)	每挂错1个牌或少挂一个扣1分,每少汇报1次或汇报错误扣1分	4分
	原料槽加料	外操打开原料槽进料阀,向原料槽加料到其浮子处,关闭原料槽进料阀(1分)	原料加入量不在指定范围内扣1分	1分
	离心泵的试车	① 外操打开1♯泵的灌泵阀,打开1♯泵灌泵排气阀进行灌泵,直到PU管中有水流出且无气泡为止(2分) ② 外操打开2♯泵的灌泵阀,打开2♯泵灌泵排气阀进行灌泵,直到PU管中有水流出且无气泡为止(2分) ③ 主操启动原料泵(1分) ④ 外操打开进料泵出口阀,观察流量计流量指示,如果最大流量大于7 m³/h,则满足实验要求(2分) ⑤ 外操关闭泵的出口阀(1分) ⑥ 主操停泵(1分) ⑦ 外操关闭泵的进口阀(1分)	每开错1个阀门扣1分,不在指定范围内扣2分,每少汇报1次或汇报错扣1分	10分
冷态开车（35分）	离心泵的启动	① 主操在控制台界面启动原料泵1♯泵(2分) ② 泵启动后,外操等待1～2 min至泵转速稳定无异响后,报告主操可以打开1♯泵的出口阀(1分) ③ 主操在DCS上打开1♯泵的出口阀(1分) ④ 外操打开1♯泵的出口阀(2分) ⑤ 主操在控制台界面启动原料泵2♯泵,泵启动后,外操等待1～2 min至泵转速稳定无异响后,报告主操可以打开1♯泵的出口阀(2分) ⑥ 主操在DCS上打开2♯泵的出口阀(1分) ⑦ 外操打开2♯泵的出口阀(2分) ⑧ 外操打开1♯泵2♯泵的进口压力变送器、出口压力变送器,泵出口压力表(2分)	每开错1个阀门或DCS界面打开错误扣1分,开泵顺序错误扣2分,每少汇报1次或汇报错误扣1分	13分

考核内容	考核项目	评分要素	评分标准	配分
冷态开车（35分）	高位槽输送液体	① 外操打开高位槽的放空阀和外溢流阀(1分) ② 外操缓慢打开转子流量计，调节液体流量分别为 2 m³/h、3 m³/h、4 m³/h、5 m³/h、6 m³/h、7 m³/h(5分) ③ 班长监控软件上离心泵特性数据，记录相关实验数据(4分)	每开错1个阀门扣1分，不在指定范围内扣2分，每少汇报1次或汇报错误扣1分	10分
	高位槽液位稳定	① 待高位槽的液位达到高位槽液位 10 cm 处时，打开高位槽的出口阀、回流阀(5分) ② 外操通过调节转子流量计的大小稳定高位槽的液位在高位槽液位的 10~15 cm 处(5分) ③ 外操高位槽的液位上下波动不超过 0.5 cm，稳定 1~2 min(2分)	每开错1个阀门扣1分，高位槽液位不在指定范围内扣1分，每少汇报1次或汇报错误扣1分	12分
正常停车（13分）	停离心泵	① 外操关闭转子流量计(1分) ② 外操关闭 2♯泵的出口阀(1分) ③ 主操关闭 2♯泵(1分) ④ 外操关闭 1♯泵的出口阀(1分) ⑤ 主操关闭 1♯泵(1分) ⑥ 外操关闭 1♯泵进口压力变送器和 1♯泵出口压力变送器(1分)	每开错1个阀门扣1分，每少汇报1次或汇报错误扣1分	6分
	物料至原料槽	① 外操待高位槽物料回流至原料槽，高位槽液位至 0 cm(2分) ② 外操关闭高位槽出口阀和回流阀(2分)		4分
		① 主操依次关闭 DCS 界面工艺流程(2分) ② 主操退出 DCS 界面、关闭仪表、计算机电源(1分)		3分
实训报表（10分）	实训数据处理	① 原料通过转子流量计输送至高位槽时班长根据实训操作报表准确记录实训数据(5分) ② 班长每 5 min 记录一次数据，共记录 5 组数据(5分)	记录错误1处或者少记录1处扣1分	10分
职业素养（20分）	行为规范	① 着装符合职业要求(2分) ② 操作环境整洁、有序(2分) ③ 文明礼貌，服从安排(2分) ④ 操作过程节能、环保(2分)	每违反1项行为规范、安全操作、敬业意识从总分中扣除2分	8分
	安全操作	① 阀门的正确操作与使用(2分) ② 水安全使用及电安全操作(2分) ③ 设备、工具安全操作与使用(2分)		6分
	敬业意识	① 创新和团队协作精神(2分) ② 认真细致、严谨求实(2分) ③ 遵守规章制度，热爱岗位(2分)		6分

二、实训报告要求

1. 认真、如实填写实训操作记录表。

2. 总结流体输送操作要点。

3. 提出提高流体输送的操作建议。

三、实训问题思考

1. 工业上都有哪些地方会用到流体输送？

2. 如何做到安全、有效地进行流体输送操作？

3. 流体输送主要通过哪些设备来完成？如何快速地控制好流速、液位？

4. 流体输送过程中如何做到节能、环保？

项目四

传热单元操作实训

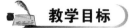 **教学目标**

素质目标	1. 具有吃苦耐劳、爱岗敬业、严谨细致的职业素养 2. 树立工程技术观念,养成理论联系实际的思维方式 3. 服从管理、乐于奉献、有责任心,有较强的团队精神 4. 能反思、改进工作过程,有良好的自主学习能力 5. 养成化工生产规范操作意识,劳动保护、安全生产、节能减排的安全环保意识
知识目标	1. 了解传热在化工生产中的作用和定位、发展趋势及新技术应用 2. 掌握传热工艺过程的原理 3. 熟悉传热单元实训操作要点 4. 了解传热实训装置的常见故障及其处理方法 5. 熟悉传热实训装置的特点及设备、仪表标识 6. 掌握传热实训装置的开车操作、停车操作的方法及考核评价标准
技能目标	1. 能识读并绘制带控制点的工艺流程图,能识别常见设备的图形标识 2. 会进行计算机 DCS 控制系统的台面操作 3. 会进行传热装置开车、停车操作 4. 会监控装置正常运行的工艺参数及记录数据表,并进一步分析影响传热效果的因素 5. 通过 DCS 操作界面及现场异常现象,能及时判断异常状况 6. 会分析发生异常工况的原因,对异常工况进行处理

 实训任务

通过传热实训装置内外操协作,懂得传热的工艺流程与原理,掌握实训装置的 DCS 操作并对异常工况进行分析与处理。本项目所针对的工作内容主要是对传热实训装置的操作与控制,具体包括:传热工艺流程、工艺参数的调节、开车和停车操作、事故处理等环节,培养分析和解决化工单元操作中常见实际问题的能力。

以 3～4 位同学为小组,根据任务要求,查阅相关资料,制定并讲解操作计划,完成装置操作,分析和处理操作中遇到的异常情况,撰写实训报告。

任务一　传热装置工艺技术规程

▶ 子任务 1　认识传热装置 ◀

一、装置特点

本传热装置是以水-冷空气、冷空气-热空气、冷空气-蒸汽为体系,选用列管式换热器、板式换热器、套管换热器等三种形式的换热器,结合高校实训教学大纲要求设计而成的。

二、装置组成

本实训装置主要有以下几个部分组成:冷风系统、热风系统、水电系统和装置 DCS 操作平台。

▶ 子任务 2　熟悉传热工艺原理及过程 ◀

一、工艺原理

传热过程即热量传递过程。在化工生产过程中,几乎所有的化学反应过程都需要控制温度范围,此时就要涉及传热过程,即将物料加热或冷却到一定的温度。传热主要可分为直接传热和间接传热两大类。在工业生产中,间接传热是主要的传热形式。作为间接传热的设备,换热器因其所涉介质的不同、传热要求不同,结构形式也不同。下面主要讲述列管式换热器、板式换热器、套管换热器三种换热器的原理。

1. 列管式换热器

列管式换热器又称管壳式换热器,是一种通用的标准换热设备。它具有结构简单、坚固耐用、用材广泛、清洗方便、适用性强等优点,在生产中得到广泛应用,在换热设备中占主导地位。列管式换热器根据结构特点分为以下几种,如表 4-1 所示。

**浮头式换热器及
U 型管换热器**

表 4-1　列管换热器的分类

名称	结构	特点	应用
固定管板式换热器	由壳体、封头、管束、管板等部件构成,管束两端固定在两管板上	1. 优点是结构简单、紧凑、管内便于清洗 2. 缺点是壳程不能进行机械清洗,且当壳体与换热管的温差较大(大于50℃)时产生的温差应力(又叫热应力)具有破坏性,需在壳体上设置膨胀节,因而壳程压力受膨胀节强度限制不能太高	适用于壳程流体清洁且不结垢,两流体温差不大或温差较大但壳程压力不高的场合
浮头式换热器	其结构特点是一端管板不与壳体固定连接,可以在壳体内沿轴向自由伸缩,该端称为浮头	1. 优点是当换热管与壳体有温差存在,壳体或换热管膨胀时,互不约束,消除了热应力;管束可以从管内抽出,便于管内和管间的清洗 2. 缺点是结构复杂,用材量大,造价高	应用十分广泛,适用于壳体与管束温差较大或壳程流体容易结垢的场合
U型管换热器	其结构特点是只有一个管板,管子成U形,管子两端固定在同一管板上。管束可以自由伸缩,解决了热补偿问题	1. 优点是结构简单,运行可靠,造价低;管间清洗较方便 2. 缺点是管内清洗较困难;管板利用率低	适用于管、壳程温差较大或壳程介质易结垢而管程介质不易结垢的场合
填料函式换热器	其结构特点是管板只有一端与壳体固定,另一端采用填料函密封。管束可以自由伸缩,不会产生热应力	1. 优点是结构较浮头式换热器简单,造价低;管束可以从壳体内抽出,管、壳程均能进行清洗,维修方便 2. 缺点是填料函耐压不高,一般小于4.0 MPa;壳程介质可能通过填料函外漏	适用于管壳程温差较大或介质易结垢需要经常清洗且壳程压力不高的场合
釜式换热器	其结构特点是在壳体上部设置蒸发空间。管束可以为固定管板式、浮头式或U型管式	清洗方便,并能承受高温、高压	适用于液-气式换热(其中液体沸腾汽化),可作为简单的废热锅炉

2. 板式换热器

板式换热器是通过板面进行传热,按传热板的结构形式,可分为平板式换热器、螺旋板式换热器、板翅式换热器和普通板式换热器等几种。

3. 套管换热器

套管换热器是由两种直径不同的直管套在一起组成同心套管,然后将若干段这样的套管连接而成的。每一段套管称为一程,程数可根据所需传热面积的多少而增减。换热时一种流体走内管,另一种流体走环隙,传热面为内管壁。

套管换热器的优点是结构简单,能耐高压,传热面积可根据需要增减。其缺点是单位传热面积的金属耗量大,管子接头多,检修清洗不方便。此类换热器适用于高温、高压及流量较小的场合。

二、工艺流程说明

传热实训单元操作流程图如图 4-1 所示。

介质A:空气经增压气泵(冷风风机)C601送到水冷却器E604,调节空气温度至常温后,作为冷介质使用。

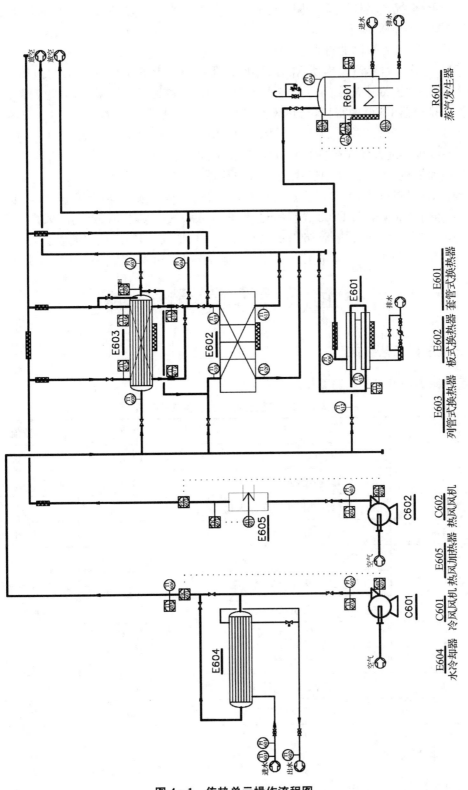

图 4 - 1　传热单元操作流程图

介质 B:空气经增压气泵(热风风机)C602 送到热风加热器 E605,经加热器加热至70℃后,作为热介质使用。

介质 C:来自外管网的自来水。

介质 D:水经过蒸汽发生器 R601 汽化,产生压力不大于 0.2 MPa(G)的饱和水蒸气。

从冷风风机 C601 出来的冷风经水冷却器 E604 和其旁路控温后,分为四路:一路进入列管式换热器 E603 的管程,与热风换热后放空;二路经板式换热器 E602 与热风换热后放空;三路经套管式换热器 E601 内管,与水蒸气换热后放空;四路经列管式换热器 E603 管程后,再进入板式换热器 E602,与热风换热后放空。

从热风风机 C602 出来的热风经热风加热器 E605 加热后,分为三路:一路进入列管式换热器 E603 的壳程,与冷风换热后放空;二路进入板式换热器 E602,与冷风换热后放空;三路经列管式换热器 E603 壳程换热后,再进入板式换热器 E602,与冷风换热后放空。其中,热风进入列管式换热器 E603 的壳程分为两种形式,即与冷风并流或逆流。

从蒸汽发生器 R601 出来的蒸汽,经套管式换热器 E601 的外管与内管的冷风换热后排空。

▶ 子任务3 了解工艺参数及设备 ◀

一、主要工艺参数

传热实训装置主要工艺参数如表 4-2 所示。

表 4-2 传热实训装置主要工艺参数

序号	项目	单位	数值
1	蒸汽发生器内压力	MPa	0~0.1
2	套管式换热器内压力	MPa	0~0.05
3	热风加热器出口热风温度	℃	0~80
4	高位报警	℃	$H=100$
5	水冷却器出口冷风温度	℃	0~30
6	列管式换热器出口冷风温度	℃	40~50
7	高位报警	℃	$H=70$
8	冷风流量	m^3/h	15~60
9	热风流量	m^3/h	15~60
10	蒸汽发生器液位	mm	200~500
11	低位报警	mm	$L=200$

二、主要设备

传热实训装置主要设备如表 4-3 所示。

表 4-3　传热实训装置主要设备说明

序号	设备类别	设备位号	设备名称	规格	备注
1	静设备	E601	套管式换热器	$\phi500\ \text{mm}\times1\ 250\ \text{mm},F=0.2\ \text{m}^2$	卧式
2		E602	板式换热器	$550\ \text{mm}\times150\ \text{mm}\times250\ \text{mm},F=1.0\ \text{m}^2$	卧式
3		E603	列管式换热器	$\phi260\ \text{mm}\times1\ 170\ \text{mm},F=1.0\ \text{m}^2$	卧式
4		E604	水冷却器	$\phi108\ \text{mm}\times1\ 180\ \text{mm},F=0.3\ \text{m}^2$	卧式
5		E605	热风加热器	$\phi190\ \text{mm}\times1\ 120\ \text{mm}$,加热功率,$P=4.5\ \text{kW}$	卧式
6		R601	蒸汽发生器（含汽包）	$\phi426\ \text{mm}\times870\ \text{mm}$,加热功率,$P=7.5\ \text{kW}$	立式
7	动力设备	C601	冷风风机	风机功率,$P=1.1\ \text{kW}$,流量 $Q_{\max}=180\ \text{m}^3/\text{h},U=380\ \text{V}$	—
8		C602	热风风机	风机功率,$P=1.1\ \text{kW}$,流量 $Q_{\max}=180\ \text{m}^3/\text{h},U=380\ \text{V}$	—

思政园地

敢于开拓，甘于奉献

青藏铁路穿越戈壁荒漠、沼泽湿地和雪山草原，跨越昆仑山、唐古拉山，施工难度之大可想而知。面对恶劣的生存环境，面对技术更复杂、保障更困难、任务更艰巨的考验，广大建设者不畏惧、不退缩，战天斗地、攻坚克难，在夏日飞雪的唐古拉山铺轨建站，在海拔4 000多米的风火山上建起我国首个冻土观测站，在坑洼的草地和泥泞的沼泽中徒步前行开展高强度钻孔作业，依靠不懈努力攻克了一道道难关，在世界屋脊上成功架起了一条绵延千里的"天路"。这一壮举彻底结束了素有"生命禁区"之称的青藏高原铁路交通为零的历史，更用事实证明，只要不惧艰险、勇于探索、顽强拼搏，任何困难都无法阻挡我们前进的步伐。

青藏铁路格尔木至拉萨段纵贯青藏高原腹地，全线海拔4 000米以上地段长达960多千米，经过多年冻土区550千米（冻土是零摄氏度及以下的含冰岩土）。在这种土地上修路，最怕的就是冻土随温度变化反复冻融，导致路基变形、损毁。冻土区穿越多个国家级自然保护区，工程建设面临"高原冻土、高寒缺氧、生态脆弱"三大世界性技术难题。在缺乏现成经验和先进技术的情况下，科技工作者瞄准世界冻土科技前沿，秉持"主动降温、冷却地基、保护冻土"的设计理念，采取了一系列创新性工程措施，使冻土保护由被动保温变为主动降温、冻土治理由单一措施转变为综合施治，攻克了多年冻土这一世界性工程难题。我国建成的高原铁路堪称世界一流，相关成果获得2018年国家科技进步特等奖。广大科研工作者和一线建设者坚持自力更生、自主创新，研发出一系列适应高原恶劣气候环境的关键技术，在青藏铁路冻土工程技术和施工工艺、高原生态环境保护、建设运营管理等方面取得一系列重大突破和成果，闯出了一条科技赋能铁路建设之路，为不断攀登世界科技高峰注入了持久动力。

"上了青藏线，就是做奉献""艰苦不怕吃苦，缺氧不缺精神，风暴强意志更强，海拔高追求更高"，句句口号正是青藏铁路建设者在高寒缺氧、风大雪厚的艰苦环境中胸怀祖国、无私奉献的写照。广大建设者长期奋战在青藏高原，始终牢记党和人民的重托，把"以国家需要为最高需要、以人民利益为最高利益"的信念镌刻心中，不惧艰险，迎难而上，抗缺氧、斗严寒、战冻土，以惊人的勇气和毅力战胜了各种难以想象的困难挑战，书写了人类铁路建设史上的光辉篇章。

任务二 传热装置岗位操作规程

子任务 1 传热实训装置开车前的准备与检查

一、开车前的准备工作

1. 对参与实训的人员进行安全培训：包括换热单元操作规程及安全规范、紧急情况的处理等，确保每位操作人员都熟悉实训室的安全规范和操作规程。

2. 做好安全防护工作：要求实训人员穿着整洁的实训服，佩戴好安全帽、安全防护眼镜、手套等防护用品，以减少实训过程中可能发生的伤害。

3. 编制开车方案：组织讨论并汇报指导教师。

4. 做好开车前的组织安排（内外操）以及常用工具材料的准备工作。

5. 根据实训内容准备好所需的原料、试剂等，并确保其质量符合实训要求。

6. 确保水、电供应正常。

7. 对机泵进行检查，使之处于良好的备用状态。

8. 准备好操作记录单，以便在实验过程中记录实验数据和观察结果。

二、开车前的检查工作

1. 检查

（1）由相关操作人员组成装置检查小组，对本装置所有设备、管道、阀门、仪表、电气、保温等按工艺流程图要求和专业技术要求进行检查。

（2）检查所有仪表是否处于正常状态。

（3）检查所有设备是否处于正常状态。

2. 试电

（1）检查外部供电系统，确保控制柜上所有开关均处于关闭状态。

（2）开启总电源开关。

（3）打开控制柜上空气开关。

（4）打开装置仪表电源总开关，打开仪表电源开关，查看所有仪表是否上电，指示是否正常。

（5）将各阀门顺时针旋转操作到关的状态。检查孔板流量计正压阀和负压阀是否均处于开启状态（实验中保持开启）。

3. 准备原料

接通自来水管,打开蒸汽发生器进水阀,向蒸汽发生器内通入自来水,到其正常液位的 1/2～2/3 处。

▶ 子任务 2　传热实训装置正常开车操作 ◀

一、设备预热

启动热风机 C602,调节风机出口流量 FIC602 为某一实验值,开启 C602 热风风机出口阀,列管式换热器 E603 热风进、出口阀和放空阀,启动热风加热器 E605(首先在 C3000A 上手动控制加热功率大小,待温度缓慢升高到实验值时,调为自动),控制热空气温度稳定在约 80℃。

注意:当流量 FIC602≤20％时禁止使用热风加热器,而且风机运行时,尽量调到最大功率运行。

启动蒸汽发生器 R601 的电加热装置,调节合适加热功率,控制蒸汽压力 PIC605 (0.07 MPa～0.1 MPa)(首先在 C3000B 上手动控制加热功率大小,待压力缓慢升高到实验值时,调为自动)。

注意:当液位 LI601≤1/3 时禁止使用电加热器。

二、列管式换热器开车

1. 设备预热

依次开启换热器热风进、出口阀和放空阀,关闭其他与列管式换热器连接的管路阀门,通入热风(风机全速运行),待列管式换热器热风进、出口温度基本一致时,开始下步操作。

2. 并流操作

(1) 依次开启列管式换热器冷风进、出口阀,热风进、出口阀和放空阀,关闭其他与列管式换热器连接的管路阀门。

(2) 启动冷风风机 C601,调节其流量 FIC601 为某一实验值,开启冷风风机出口阀,开启水冷却器 E604 冷风出口阀、自来水进出阀,通过自来水进水阀调节冷却水流量,通过阀门控制冷空气温度 TI605 稳定在约 30℃(其控温方法为手动控制水冷却器出口冷风温度)。

(3) 调节热风进口流量 FIC602 为某一实验值,热风加热器出口温度 TIC607(控制在约 80℃)稳定,调节热风电加热器加热功率,控制热风出口温度稳定。待列管式换热器冷、热风进出口温度基本恒定时,可认为换热过程基本平衡,记录相应的工艺参数。

(4) 以冷风或热风的流量作为恒定量,改变另一介质的流量,从小到大,做 3～4 组数据,做好操作记录(如表 4-4)。

3. 逆流操作

（1）依次开启列管式换热器冷风进、出口阀，热风进、出口阀和放空阀，关闭其他与列管式换热器连接的管路阀门。

（2）启动冷风风机 C601，调节其流量 FIC601 为某一实验值，开启冷风风机出口阀，开启水冷却器空气出口阀、自来水进出阀，通过自来水进水阀调节冷却水流量，通过阀门控制冷空气温度 TI605 稳定在约 30℃（其控温方法为手动控制水冷却器出口冷风温度）。

（3）调节热风进口流量 FIC602 为某一实验值，热风加热器出口温度 TIC607（控制在约 80℃）稳定，调节热风电加热器加热功率，控制热风出口温度稳定。待列管式换热器冷、热风进出口温度基本恒定时，可认为换热过程基本平衡，记录相应的工艺参数。

（4）以冷风或热风的流量作为恒定量，改变另一介质的流量，从小到大，做 3～4 组数据，做好操作记录（如表 4-5）。

三、板式换热器开车

1. 设备预热：开启板式换热器热风进口阀，关闭其他与板式换热器连接管路的阀门，通入热风（风机全速运行），待板式换热器热风进、出口温度基本一致时，开始下步操作。

2. 依次开启板式换热器冷风进口阀、热风进口阀，关闭其他与板式换热器连接的管路阀门。

3. 启动冷风风机 C601，调节其流量 FIC601 为某一实验值，开启冷风风机出口阀，开启水冷却器空气出口阀、自来水进出阀，通过自来水进水阀调节冷却水流量，通过阀门控制冷风温度 TI605 稳定在约 30℃（其控温方法为手动控制水冷却器出口冷风温度）。

4. 调节热风进口流量 FIC602 为某一实验值，热风加热器出口温度 TIC607（控制在约 80℃）稳定，调节热风电加热器加热功率，控制热风出口温度稳定。待板式换热器冷、热风进出口温度基本恒定时，可认为换热过程基本平衡，记录相应的工艺参数。

6. 以冷风或热风的流量作为恒定量，改变另一介质的流量，从小到大，做 3～4 组数据，做好操作记录（如表 4-6）。

四、列管式换热器（并流）、板式换热器串联开车

1. 设备预热：依次开启列管式、板式换热器热风进、出口阀，关闭其他与列管式、板式换热器连接的管路阀门，通入热风（风机全速运行），待列管式换热器并流热风进口温度 TI615 与板式换热器热风出口温度 TI620 基本一致时，开始下步操作。

2. 依次开启冷风管路阀、热风管路阀，关闭其他与列管式换热器、板式换热器连接的管路阀门。

3. 启动冷风风机 C601，调节其流量 FIC601 为某一实验值，开启冷风风机出口阀，开启水冷却器空气出口阀、自来水进出阀，通过自来水进水阀调节冷却水流量，通过阀门控制冷风温度 TI605 稳定在约 30℃（其控温方法为手动控制水冷却器出口冷风温度）。

4. 调节热风进口流量 FIC602 为某一实验值,热风加热器出口温度 TIC607(控制在约 80℃)稳定,调节热风电加热器加热功率,控制热风出口温度稳定。待列管式换热器冷、热风进口温度和板式换热器冷、热风出口温度基本恒定时,可认为换热过程基本平衡,记录相应的工艺参数。

5. 以冷风或热风的流量作为恒定量,改变另一介质的流量,从小到大,做 3~4 组数据,做好操作记录(如表 4-7)。

五、列管式换热器(逆流)、板式换热器串联开车

1. 设备预热:依次开启列管式、板式换热器热风进、出口阀,关闭其他与列管式、板式换热器连接的管路阀门,通入热风(风机全速运行),待列管式换热器逆流热风进口温度 TI616 与板式换热器热风出口温度 TI620 基本一致时,开始下步操作。

2. 依次开启冷风管路阀、热风管路阀,关闭其他与列管式换热器、板式换热器连接的管路阀门。

3. 启动冷风风机 C601,调节其流量 FIC601 为某一实验值,开启冷风风机出口阀,开启水冷却器空气出口阀、自来水进出阀,通过自来水进水阀调节冷却水流量,通过阀门控制冷风温度 TI605 稳定在约 30℃(其控温方法为手动控制水冷却器出口冷风温度)。

4. 调节热风进口流量 FIC602 为某一实验值,热风加热器出口温度 TIC607(控制在约 80℃)稳定,调节热风电加热器加热功率,控制热风出口温度稳定。待列管式换热器冷、热风进口温度和板式换热器冷、热风出口温度基本恒定时,可认为换热过程基本平衡,记录相应的工艺参数。

5. 以冷风或热风的流量作为恒定量,改变另一介质的流量,从小到大,做 3~4 组数据,做好操作记录(如表 4-8)。

六、列管式换热器(并流)、板式换热器并联开车

1. 设备预热:依次开启列管式、板式换热器地热风进、出口阀,关闭其他与列管式、板式换热器连接的管路阀门,通入热风(风机全速运行),待列管式换热器并流热风进出口温度 TI615 与 TI618、板式换热器热风进出口温度 TI619 与 TI620 基本一致时,开始下步操作。

2. 依次开启冷风管路阀、热风管路阀,关闭其他与列管式换热器(逆流)、板式换热器连接的管路阀门。

3. 启动冷风风机 C601,调节其流量 FIC601 为某一实验值,开启冷风风机出口阀,开启水冷却器空气出口阀、自来水进出阀,通过自来水进水阀调节冷却水流量,通过阀门控制冷风温度 TI605 稳定在约 30℃。

4. 调节热风进口流量 FIC602 为某一实验值,热风加热器出口温度 TIC607(控制在约 80℃)稳定,调节热风电加热器加热功率,控制热风出口温度稳定。待列管式换热器冷、热风进出口温度和板式换热器冷、热风进出口温度基本恒定时,可认为换热过程基本平衡,记录相应的工艺参数。

5. 以冷风或热风的流量作为恒定量,改变另一介质的流量,从小到大,做3~4组数据,做好操作记录(如表4-9)。

七、列管式换热器(逆流)、板式换热器并联开车

1. 设备预热:依次开启列管式、板式换热器热风进、出口阀,关闭其他与列管式、板式换热器连接的管路阀门,通入热风(风机全速运行),待列管式换热器逆流热风进出口温度 TI616 与 TI617、板式换热器热风进出口温度 TI619 与 TI620 基本一致时,开始下步操作。

2. 依次开启冷风管路阀、热风管路阀,关闭其他与列管式换热器(逆流)、板式换热器连接的管路阀门。

3. 启动冷风风机 C601,调节其流量 FIC601 为某一实验值,开启冷风风机出口阀,开启水冷却器空气出口阀、自来水进出阀,通过自来水进水阀调节冷却水流量,通过阀门控制冷风温度 TI605 稳定在约 30℃(其控温方法为手动控制水冷却器出口冷风温度)。

4. 调节热风进口流量 FIC602 为某一实验值,热风加热器出口温度 TIC607(控制在约80℃)稳定,调节热风电加热器加热功率,控制热风出口温度稳定。待列管式换热器冷、热风进出口温度和板式换热器冷、热风进出口温度基本恒定时,可认为换热过程基本平衡,记录相应的工艺参数。

5. 以冷风或热风的流量作为恒定量,改变另一介质的流量,从小到大,做3~4组数据,做好操作记录(如表4-10)。

八、套管式换热器开车

1. 设备预热:依次开启套管式换热器蒸汽进、出口阀,关闭其他与套换热器连接的管路阀门,通入水蒸气,待蒸汽发生器内温度 TI621 和套管式换热器冷风出口温度 TI614 基本一致时,开始下步操作。注意蒸汽出口阀的打开顺序,观察套管式换热器进口压力 PI606,使其控制在 0.02 MPa 以内的某一值。

2. 控制蒸汽发生器 R601 加热功率,保证其压力和液位在实验范围内,注意调节蒸汽出口阀,控制套管式换热器内蒸汽压力为 0~0.15 MPa 的某一恒定值。

3. 打开套管式换热器冷风进口阀,启动冷风风机 C601,调节其流量 FIC601 为某一实验值,开启冷风风机出口阀,开启水冷却器空气出口阀、自来水进出阀,通过自来水进水阀调节冷却水流量,通过阀门控制冷风温度稳定在约 30℃(其控温方法为手动控制水冷却器出口冷风温度)。

4. 待套管式换热器冷风进出口温度和套管式换热器内蒸汽压力基本恒定时,可认为换热过程基本平衡,记录相应的工艺参数。

5. 以套管式换热器内蒸汽压力作为恒定量,改变冷风流量,从小到大,做3~4组数据,做好操作记录(如表4-11)。

九、传热操作实训操作报表

表 4 – 4　列管式换热(并流)操作报表

序号	时间	打开阀门	冷风系统					热风系统					冷风进口温度/℃	冷风出口温度/℃	热风进口温度/℃	热风出口温度/℃
			水冷却器进口压力	冷风出口阀的开度	风机出口流量/(m³·h⁻¹)	出口流量/(m³·h⁻¹)		电加热的开度%	风机出口流量/(m³·h⁻¹)	出口流量/(m³·h⁻¹)						
1																
2																
3																
4																
5																
6																

操作记事

异常情况记录

操作人:　　　　　　　　　　　　　　　　指导老师:

表 4 – 5　列管式换热 (逆流) 操作报表

序号	时间	打开阀门	冷风系统			热风系统			冷风进口温度/℃	冷风出口温度/℃	热风进口温度/℃	热风出口温度/℃
			水冷却器进口压力	冷风出口阀的开度	风机出口流量/(m³·h⁻¹)	出口流量/(m³·h⁻¹)	电加热的开度	风机出口流量/(m³·h⁻¹)	出口流量/(m³·h⁻¹)				
1													
2													
3													
4													
5													
6													

操作记事

异常情况记录

操作人：　　　　　　　　指导老师：

表 4 - 6 板式换热热操作报表

序号	时间	打开阀门	冷风			热风		冷风进口温度/℃	冷风出口温度/℃	热风进口温度/℃	热风出口温度/℃
			水冷却器进口压力	冷风出口阀的开度	风机出口流量/(m³·h⁻¹)	电加热的开度	风机出口流量/(m³·h⁻¹)				
1											
2											
3											
4											
5											
6											
操作记事											
异常情况记录											
操作人:								指导老师:			

表4-7　列管式与板式换热串联（列管式并流）操作报表

| 序号 | 时间 | 打开阀门 | 冷风 | | | 热风 | | | 冷风进口温度/℃ | | 冷风出口温度/℃ | | 热风进口温度/℃ | | 热风出口温度/℃ | |
			水冷却器进口压力	冷风出口阀的开度	风机出口流量/(m³·h⁻¹) 列管式流量/(m³·h⁻¹)	电加热的开度	风机出口流量/(m³·h⁻¹) 列管式流量/(m³·h⁻¹)		列管式	板式	列管式	板式	列管式	板式	列管式	板式
1																
2																
3																
4																
5																
6																
操作记事																
异常情况记录																
操作人：							指导老师：									

表4-8 列管式与板式换热串联（列管式逆流）操作报表

序号	时间	打开阀门	冷风					热风		冷风进口温度/℃		冷风出口温度/℃		热风进口温度/℃		热风出口温度/℃	
			水冷却器进口压力	冷风出口阀的开度	风机出口流量/(m³·h⁻¹)	列管式流量/(m³·h⁻¹)	电加热的开度	风机出口流量/(m³·h⁻¹)	列管式流量/(m³·h⁻¹)	列管式	板式	列管式	板式	列管式	板式	列管式	板式
1																	
2																	
3																	
4																	
5																	
6																	
操作记事																	
异常情况记录																	

操作人：　　　　　　　　　　　指导老师：

表 4 – 9　列管式与板式换热并联（列管式并流）操作报表

序号	时间	打开阀门	冷风			热风				冷风进口温度/℃		冷风出口温度/℃		热风进口温度/℃		热风出口温度/℃	
			水冷却器进口压力	冷风出口阀的开度	风机出口流量/(m³·h⁻¹)	列管式流量/(m³·h⁻¹)	电加热的开度	风机出口流量/(m³·h⁻¹)	列管式流量/(m³·h⁻¹)	列管式	板式	列管式	板式	列管式	板式	列管式	板式
1																	
2																	
3																	
4																	
5																	
6																	

操作记事

异常情况记录

操作人：　　　　　　　　　　　　　　　　　指导老师：

表4-10 列管式与板式换热并联(列管式逆流)操作报表

序号	时间	打开阀门	冷风					热风				冷风进口温度/℃		冷风出口温度/℃		热风进口温度/℃		热风出口温度/℃	
			水冷却器进口压力	冷风出口阀的开度	风机出口流量/(m³·h⁻¹)	列管式流量/(m³·h⁻¹)		电加热的开度	风机出口流量/(m³·h⁻¹)	列管式流量/(m³·h⁻¹)		列管式	板式	列管式	板式	列管式	板式	列管式	板式
1																			
2																			
3																			
4																			
5																			
6																			
操作记事																			
异常情况记录																			
操作人:									指导老师:										

表4-11 套管式换热器操作报表

序号	时间	打开阀门	冷风				蒸汽				冷风进口温度/℃	冷风出口温度/℃	管道蒸汽压力/MPa
			水冷却器进口压力	冷风出口阀的开度	风机出口流量/(m³·h⁻¹)	电加热的开度	蒸汽压力/MPa	阀门VA29的开度	液位/mm			
1												
2												
3												
4												
5												
6												
操作记事												
异常情况记录												
操作人:								指导老师:				

▶ 子任务 3　传热实训装置停车操作 ◀

1. 停止蒸汽发生器电加热器运行,关闭蒸汽出口阀,开启蒸汽发生器放空阀,开套管式换热器疏水阀组旁路阀,将蒸汽系统压力卸除。

2. 停热风加热器。

3. 继续大流量运行冷风风机和热风风机,当冷风风机出口总管温度接近常温时,停冷风,停冷风风机出口冷却器冷却水;当热风加热器出口温度 TIC607 低于 40℃时,停热风风机。

4. 将套管式换热器残留水蒸气冷凝液排净。

5. 装置系统温度降至常温后,关闭系统所有阀门。

6. 切断控制台、仪表盘电源。

7. 清理现场,做好设备、管道、阀门维护工作。

任务三　传热实训装置常见事故处理

　　在正常操作中,由教师给出隐蔽指令,通过不定时改变某些阀门、加热器或风机的工作状态来扰动传热系统正常的工作状态,分别模拟实际生产工艺过程中的常见故障,学生根据各参数的变化情况、设备运行异常现象,分析故障原因,找出故障并动手排除故障,以提高学生对工艺流程的认识度和实际动手能力。

一、水冷却器出口冷风温度异常

　　在传热正常操作中,教师给出隐蔽指令,改变冷却水的流向(打开冷却水出口电磁阀,使冷却水短路),学生通过观察出口冷风温度、冷却水的压力等的变化,分析系统异常的原因并作处理,使系统恢复到正常操作状态。

二、列管式换热器冷风出口流量、热风出口流量与进口流量有差异

　　在传热正常作业中,教师给出隐蔽指令,改变列管式换热器热风逆流进口的工作状态(打开旁路电磁阀,使部分热风不经换热直接随冷风排出),学生通过观察冷风、热风经过换热前后流量、冷风出口温度的变化,分析系统异常的原因并处理,使系统恢复正常操作状态。

 **拓展提升**

换热器节能应用

热管式换热器发挥作用的主要是其中的热管，它可以实现高效的传热。热管本身不会产生热量，它主要借助全封闭真空管内部工质的连续相变实现热量的不断转移。这种换热器的优势体现在其导热性以及等温性都比较良好。另外，热管式换热器还可以对其换热面积进行随意调整。这一特点使它可以实现距离较远的传热，而且能较好地控制温度。这种换热器比较适用在废热回收中，如在环保行业中的废热回收以及含硫燃料的生产中等。热管式换热器能够充分利用废气余温帮助废气实现进一步燃烧，这样不仅可以有效降低废气的空气污染，而且能在一定程度上降低能耗。这种换热器的利用充分体现了当前社会节能减排的发展趋势，是一种比较具有环保价值的换热器，需要相关人员在更大范围内做好推广。150℃～450℃的废气经过热管式换热器的转化可以回收 30％～50％的余热，同时还能节约 5％～10％的燃料。在热管换热器的实际利用中，根据热管两侧存在流体冷热的不同可以采取不同的热管换热器，如气-液型热管换热器、液-液型热管换热器、气-汽型热管换热器以及气-气型热管换热器。不同类型的热管换热器不但能单独使用，还能组合使用，以满足更多情况下的换热需求。

换热器要想充分体现节能的效能则需要提高传热效率，这是影响其节能的最关键因素。在总传热系数方面，高效换热管比较具有优势，因此在石油化工中需要进行热量回收时可以使用高效特型管换热器。这种换热器具有较高的传热系数，同时还具有较小的温差，可以最大化增加能量的回收，充分实现能量的价值。对于石油化工行业来说，热能消耗最大的是原油的精馏环节。基于这种换热器的优势，可以在热量转化过程中把多余的热量回收，以提升原油入炉的温度。通过选择更加高效的换热器，不仅可以节省燃料，还能减少二氧化碳的排放，充分体现换热器的节能和环保功效。

 **实训考评**

一、列管式换热器(逆流)、板式换热器并联开、停车项目考核评分

考核内容	考核项目	评分要素	评分标准	配分
开车准备 (9分)	主要设备仪表识别	① 3位操作人员依据角色分配,自行进入操作岗位(1分) ② 外操到指定地点拿标识牌:C601、C602、E602、E603、E604、E605,分别挂牌到对应的设备及仪表上(5分)	每挂错1个牌扣1分,无汇报扣1分	6分
	阀门标示牌标识	① 按工艺流程,班长检查开车前各阀门的开关状态,找出2处错误的阀门开关状态,并挂红牌标识,并将错误的阀门进行更正(2分) ② 主操启动总电源,打开仪表电源,开机进入DCS界面(1分)	每挂错1个牌或少挂1个扣1分,每少汇报1次或汇报错误扣1分	3分
冷态开车 (51分)	设备预热	① 外操依次打开热风机出口阀、列管式换热器(逆流)热风进口阀、热风出口阀(3分) ② 外操依次打开板式换热器热风进口阀、热风出口阀(3分) ③ 外操打开列管式换热器与板式换热器热风并联阀,关闭热风管道上的其他阀门(2分) ④ 主操启动热风机,通入热风(风机全速运行),开启热风电加热器,调节热风电加热器的加热功率,控制加热器出口热风温度稳定在80℃附近(3分)	每开错1个阀门扣1分,每少汇报1次或汇报错误扣1分	11分
	打开冷风系统	① 外操依次打开冷风机出口阀、水冷却器空气出口阀、列管式换热器冷风进口阀和出口阀(3分) ② 外操依次打开板式换热器冷风进口阀、冷风出口阀(3分) ③ 外操打开列管式换热器与板式换热器冷风并联阀,关闭冷风管道上的其他阀门(2分) ④ 主操启动冷风机,调节冷风出口流量稳定在30 m³/h附近(3分) ⑤ 外操开启水冷却器冷却水进口阀和出口阀,通过阀门调节冷却水流量控制冷空气温度稳定在30℃附近(2分)	每开错1个阀门扣1分,冷风出口流量不在指定范围内扣2分,温度不在指定范围内扣2分,每少汇报1次或汇报错误扣1分	13分

考核内容	考核项目	评分要素	评分标准	配分
冷态开车（51分）	打开热风系统	① 主操调节列管式换热器热风进口流量使其稳定在 30 m³/h 附近（3 分） ② 主操调节热风电加热器的加热功率，控制加热器出口热风温度稳定在 80℃（3 分） ③ 待列管式换热器冷、热风进出口温度基本恒定时，班长每 5 min 记录一次相应工艺参数，共记录 3 组数据（3 分）	热风出口流量不在指定范围内扣 2 分，温度不在指定范围内扣 2 分，每少汇报 1 次或汇报错误扣 1 分，若热风机开度低于 20%，此项得 0 分	9 分
	调节冷风风路	① 主操保持板式换热器冷风进口流量稳定不变，调节热风出口流量，使其增大并稳定在 35 m³/h 附近（3 分） ② 待板式换热器冷、热风进出口温度基本恒定时，班长每 5 min 记录一次相应工艺参数，共记录 3 组数据（3 分） ③ 主操保持板式换热器冷风进口流量稳定不变，调节热风出口流量，使其增大并稳定在 40 m³/h 附近（3 分） ④ 待板式换热器冷、热风进出口温度基本恒定时，班长每 5 min 记录一次相应工艺参数，共记录 3 组数据（3 分） ⑤ 主操保持板式换热器热风进口流量稳定不变，调节热风出口流量，使其增大并稳定在 45 m³/h 附近（3 分） ⑥ 待列管式换热器冷、热风进出口温度基本恒定时，班长每 5 min 记录一次相应工艺参数，共记录 3 组数据（3 分）	每开错 1 个阀门扣 1 分，流量不在指定范围内扣 1 分/min，记录错误 1 处或者少记录 1 处扣 1 分，每少汇报 1 次或汇报错误扣 1 分	18 分
正常停车（10分）	停热风系统	① 主操关闭热风加热器（1 分） ② 主操开继续大流量运行热风风机（1 分） ③ 当热风加热器出口温度低于 40℃时，主操停热风风机（1 分）		3 分
	停冷风系统	① 主操开继续大流量运行冷风风机（1 分） ② 当冷风风机出口总管温度接近常温时，主操停冷风风机（1 分） ③ 外操关闭冷风风机出口冷却器冷却水进出口阀门（1 分）	每开错 1 个阀门扣 1 分，温度不达标时关闭风机扣 1 分，每少汇报 1 次或汇报错误扣 1 分	3 分
	关闭系统	① 系统温度降至常温后，外操关闭系统所有阀门（1 分） ② 主操依次关闭 DCS 界面工艺流程（1 分） ③ 主操退出 DCS 界面，关闭仪表、计算机电源（1 分） ④ 班长清理现场，做好设备、管道、阀门维护工作（1 分）		4 分

考核内容	考核项目	评分要素	评分标准	配分
实训报表（10分）	实训数据处理	① 在动设备未启动前班长根据实训操作报表准确记录实训基础数据(5分) ② 在进行蒸发操作后,班长每5 min记录一次数据,共记录4组数据(5分)	记录错误1处或者少记录1处扣1分	10分
职业素养（20分）	行为规范	① 着装符合职业要求(2分) ② 操作环境整洁、有序(2分) ③ 文明礼貌,服从安排(2分) ④ 操作过程节能、环保(2分)	每违反1项行为规范、安全操作、敬业意识从总分中扣除2分	8分
	安全操作	① 阀门的正确操作与使用(2分) ② 水安全使用及电安全操作(2分) ③ 设备、工具安全操作与使用(2分)		6分
	敬业意识	① 创新和团队协作精神(2分) ② 认真细致、严谨求实(2分) ③ 遵守规章制度,热爱岗位(2分)		6分
考核分数				
评分人			核分人	

二、实训报告要求

1. 认真、如实填写实训操作记录表。

2. 总结传热操作要点。

3. 提出提高传热速率的操作建议。

三、实训问题思考

1. 强化传热的有效途径有哪些？

2. 如何做到安全、有效地进行传热操作？

3. 生产过程中物料性质、生产规模各不相同,换热器种类有哪些,各有什么优缺点？

4. 列管式换热器折流挡板的作用有哪些？

5. 传热过程中如何做到节能、环保？

项目五

蒸发单元操作实训

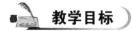

教学目标

素质目标	1. 具有爱岗敬业、严谨细致的职业素养 2. 服从管理、乐于奉献、有责任心,有较强的团队精神 3. 具有较强的沟通能力与语言表达能力· 4. 具有安全意识及环保意识 5. 培养学生自主能力及创新能力
知识目标	1. 了解蒸发在化工生产中的应用 2. 掌握蒸发工艺过程的原理 3. 熟悉蒸发单元实训操作要点 4. 了解蒸发操作的各种影响因素 5. 熟悉蒸发实训装置的特点及设备、仪表标识 6. 掌握蒸发实训装置的开车操作、停车操作的方法及考核评价标准
技能目标	1. 能识读和绘制工艺流程图,能识别常见设备的图形标识 2. 会进行计算机DCS控制系统的台面操作 3. 会进行蒸发装置开车、停车操作 4. 会监控装置正常运行的工艺参数及记录数据表,并进一步分析影响蒸发操作效果的因素 5. 通过DCS操作界面及现场异常现象,能及时判断异常状况 6. 会分析发生异常工况的原因,对异常工况进行处理

实训任务

通过蒸发实训装置内外操协作,懂得蒸发的工艺流程与原理,掌握实训装置的DCS操作并对异常工况进行分析与处理。本项目所针对的工作内容主要是对蒸发实训装置的操作与控制,具体包括:蒸发工艺流程、工艺参数的调节、开车和停车操作、事故处理等环节,培养分析和解决化工单元操作中常见实际问题的能力。

以3~4位同学为小组,根据任务要求,查阅相关资料,制定并讲解操作计划,完成装置操作,分析和处理操作中遇到的异常情况,撰写实训报告。

任务一　蒸发装置工艺技术规程

▶ 子任务 1　认识蒸发实训装置 ◀

一、装置特点

使含有不挥发溶质的溶液沸腾汽化并移出蒸气，从而使溶液中溶质组成提高的单元操作称为蒸发。在化工、轻工、制药、食品等许多工业行业的生产过程中，常常需要使用蒸发操作过程，将溶有固体溶质的稀溶液浓缩，以达到符合工艺要求的浓度，或析出固体产品，或回收汽化出来的溶剂。例如，由电解法制得的烧碱（NaOH）溶液中，只含有大约10%左右的 NaOH，要达到工艺要求的约 42% 的浓度必须用蒸发操作除去部分水分，或将浓缩液结合其他操作进一步加工处理以获得固碱；食糖、果汁、奶粉、抗生素等的生产也需要利用蒸发操作使溶液得到浓缩；利用蒸发操作可使海水淡化（制取淡水）等。

本装置是以 NaOH-水溶液为体系，选用升膜式蒸发器、以导热油代替水蒸气作为热源，结合高校实训教学大纲要求设计而成的。

二、装置组成

本实训装置主要涉及以下几个工艺流程及单元：常压蒸发流程、真空蒸发流程、导热油流程、分析检测单元、水电系统和装置 DCS 操作平台。

▶ 子任务 2　熟悉蒸发工艺原理及过程 ◀

一、工艺原理

蒸发是采用加热的方法，使含有不挥发性杂质（通常为固体，如盐类）的溶液沸腾，除去其中被汽化的部分，使溶液得以浓缩的单元操作过程。蒸发操作主要用于浓缩各种不挥发性物质的水溶液，广泛应用于化工、食品加工过程中的提浓、化学制药、造纸、制糖、海水淡化等工业，如硝铵、烧碱、制糖、橡胶防老剂 RD 等生产中将溶液加以浓缩，通过脱除溶液中的杂质以制取较纯溶剂；在植物油脂加工厂中，油脂浸出车间混合油的浓缩、油脂精炼车间磷脂的浓缩以及肥皂车间甘油水溶液的浓缩等，都是蒸发操作。

蒸发操作过程的特点与性质如下：

1. 蒸发的目的是使溶剂汽化，因此被蒸发的溶液应由具有挥发性的溶剂和不挥发性的溶质组成,这一点与蒸馏操作中的溶液是不同的。整个蒸发过程中溶质数量不变,这是物料衡算的基本依据。

2. 溶剂的汽化可分别在低于沸点和沸点时进行。在低于沸点时进行,称为自然蒸发。如海水制盐用太阳晒,此时溶剂的汽化只能在溶液的表面进行,蒸发速率缓慢,生产效率较低,故该法在其他工业生产中较少采用。若溶剂的汽化在沸点时进行,则称为沸腾蒸发,溶剂不仅在溶液的表面汽化,而且在溶液内部的各个部分同时汽化,蒸发速率大大提高。

3. 蒸发操作是一个传热和传质同时进行的过程,蒸发的速率决定于过程中较慢的那一过程的速率,即热量传递速率,因此工程上通常把它归类为传热过程。

4. 由于溶液中溶质的存在,溶剂汽化过程中溶质易在加热表面析出而形成污垢,影响传热效果。

5. 蒸发操作需在蒸发器中进行。沸腾时,由于液沫的夹带而可能造成物料的损失,因此蒸发器在结构上与一般加热器是不同的。

6. 蒸发操作中要将大量溶剂汽化,需要消耗大量的热能,因此,蒸发操作的节能问题将比一般传热过程更为突出。

二、工艺流程说明

蒸发单元操作实训流程图如图 5 - 1 所示。

1. 常压蒸发流程

原料罐 V1001 内的 NaOH 水溶液由进料泵 P1001 进入预热器 E1002 的壳程,被管程的高温导热油预热后,进入蒸发器 F1001 的管程,受热沸腾迅速汽化,蒸汽在管内高速上升,带动溶液沿壁面成膜状上升并继续蒸发。到达分离器 V1002 内的气液混合物,在分离器内分离,产品由分离器底部排出到产品罐;二次蒸汽从顶部导出到冷凝器 E1003 的管程,被壳程的冷却水冷凝后,到达汽水分离器 V1004,再次分离不凝气体后,液体收集到冷凝液罐 V1005。

2. 真空蒸发流程

本装置配置了真空流程,主物料流程如常压蒸发流程。在原料罐 V1001、产品罐 V1003、汽水分离器 V1004、冷凝液罐 V1005 均设置抽真空阀,被抽出的系统物料气体经真空总管进入真空缓冲罐 V1006,然后由真空泵 P1003 抽出放空。

3. 导热油流程

油罐 V1007 内的导热油经油泵 P1002 到达加热器 E1001 被加热到一定的温度后,进入蒸发器 F1001 的壳程,给原料提供热源后到达预热器 E1002 的管程,对原料进行预热,回流到油罐 V1007,进行循环。

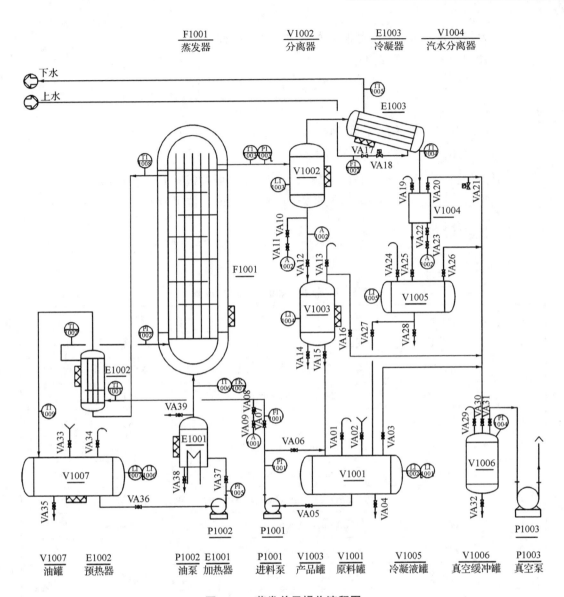

图 5-1　蒸发单元操作流程图

▶ 子任务 3　了解工艺参数及设备 ◀

一、主要工艺参数

1. 压力控制

系统真空度：-0.02 MPa～-0.04 MPa。

2. 温度控制

加热器出口导热油温度：140℃～150℃。

塔顶物料温度:约110℃(可根据产品浓度做相应调整)。

冷却器出口液体温度:约60℃。

3. 流量控制

进料流量:10~20 L/h。

冷却器冷却水流量:约0.5 m³/h。

4. 液位控制

油罐液位:100~270 mm,高位报警 $H=270$ mm,低位报警 $L=100$ mm。

原料罐液位:100~320 mm,高位报警 $H=300$ mm,低位报警 $L=100$ mm。

二、主要设备

1. 静设备(表5-1)

表5-1 蒸发实训装置主要静设备

编号	名称	规格型号	材质	形式
1	原料罐	$\phi 400$ mm$\times 800$ mm,$V_A=92$ L	不锈钢	卧式
2	分离器	$\phi 250$ mm$\times 480$ mm,$V_A=13$ L	不锈钢	立式
3	产品罐	$\phi 300$ mm$\times 460$ mm,$V_A=21$ L	不锈钢	立式
4	汽水分离器	$\phi 100$ mm$\times 200$ mm,$V_A=1.5$ L	不锈钢	立式
5	冷凝液罐	$\phi 350$ mm$\times 780$ mm,$V_A=65$ L	不锈钢	卧式
6	油罐	$\phi 400$ mm$\times 850$ mm,$V_A=65$ L	不锈钢	卧式
7	加热器	$\phi 350$ mm$\times 570$ mm,加热功率 $P=22$ kW	不锈钢	立式
8	预热器	$\phi 200$ mm$\times 800$ mm,$F=0.26$ m²	不锈钢	卧式
9	蒸发器	$\phi 273$ mm$\times 2$ 100 mm,$F=1.1$ m²	不锈钢	立式
10	冷凝器	$\phi 200$ mm$\times 780$ mm,$F=0.26$ m²	不锈钢	卧式
11	真空缓冲罐	$\phi 300$ mm$\times 680$ mm,$V_A=45$ L	不锈钢	立式

2. 动设备(表5-2)

表5-2 蒸发实训装置主要动设备

编号	名称	规格型号	数量
1	油泵	功率 $P=0.75$ kW,流量 $Q_{max}=4.5$ m³/h,$U=380$ V	1
2	进料泵	功率 $P=90$ W,流量 $Q_{max}=42$ L/h,$U=220$ V	1
3	真空泵	流量 $Q_{max}=4$ L/s,$U=380$ V	1

思政园地

坚持不懈，自主创新

顾国彪，中国工程院院士，中科智库首批入库专家兼审核委员会委员，电机学专家。中国科学院电工研究所研究员、博士生导师，电力设备新技术实验室主任。顾国彪长期从事大型电机蒸发冷却技术的研究与产业化工作，并将常温无泵自循环蒸发冷却技术应用于工业机组，形成了具有自主知识产权的电机新型冷却技术。他将蒸发冷却技术拓展到包括风力发电机、超级计算机、推进电机和变频器等其他电气与电子信息设备领域，拓展了电机、电器和热工等相关学科的内容，形成了电气设备的蒸发冷却技术的交叉学科方向。

研发原创冷却技术： 1958年，顾国彪带领团队研制出一台15千瓦的低温蒸发冷却电机，证明了蒸发冷却技术用于大型电机设备的可行性。顾国彪介绍，大型发电机运行时会产生大量热量，需要进行冷却。国际上主要有空冷、水冷两种冷却方式，而蒸发冷却技术则是利用低沸点的液体通过相变换热来传递热量，实现对发电设备的冷却，并且没有安全问题。这种经济高效的新型冷却技术，是我们提出并实现的原创技术。

顾国彪最大的梦想是将蒸发冷却技术应用在三峡工程中。他带领团队努力研究，在2011年12月，首台70万千瓦蒸发冷却水轮发电机在三峡电站运行成功。这是世界单机容量最大的蒸发冷却发电机组，采用了我国具有完全自主知识产权的"定子绕组自循环常温蒸发冷却技术"。目前，在三峡水电站安装的32台发电机组中，有2台采用了顾国彪研发的蒸发冷却技术。无论从装备容量还是技术指标上，这2台70万千瓦蒸发冷却水轮发电机都达到了国际领先水平，而且其性能稳定、经济高效，大大延长了电机的使用寿命。

顾国彪说，现在大数据的发展以及应用越来越重要，每天都有海量的数据产生，这就需要更多的数据中心、更多的服务器和更多的机房。而目前，大数据的存储量大、服务器耗电量大是其发展面临的一大难题，如果将蒸发冷却技术运用到计算机领域，通过外部冷却系统降低机器运行时的能耗，可为大数据发展的能耗掣肘问题提供技术支撑。把蒸发冷却技术运用在计算机领域，比传统的水冷、空调冷却等手段都要优越。他表示，未来，蒸发冷却技术还将在新能源配电、抽水蓄能等凡要解决发热、节能、安全可靠问题等方面有用武之地。

用自己的工作经历启发年轻的工程技术工作者做出创新性工作、坚持自主创新，一直是顾国彪孜孜以求的梦想。他直言中国之前很多的创新都是跟踪创新，跟踪创新不是原创，现在的青年科技人员要培养原创精神，坚持走自主创新道路，才能立于不败之地！

任务二　蒸发装置岗位操作规程

▶ 子任务 1　蒸发实训装置开车前的准备与检查 ◀

一、开车前的准备工作

1. 对参与实训的人员进行安全培训,使其了解整个蒸发单元实训装置的工艺流程,熟悉操作规程和安全注意事项。

2. 做好安全防护工作:要求实训人员穿着整洁的实训服,佩戴好安全帽、安全防护眼镜、手套等防护用品,以减少实训过程中可能发生的伤害。

3. 编制开车方案:组织讨论并汇报指导教师。

4. 做好开车前的组织安排(内外操)以及常用工具材料的准备工作。

5. 根据实训内容准备好所需的原料——NaOH 水溶液(配制 70 L 质量浓度为 1% 的 NaOH 水溶液)、导热油等,并确保其质量符合实训要求。

6. 确保公用工程(如水、电)已引入并处于正常状态。

7. 对机泵、仪表、阀门进行检查,使之处于良好的备用状态。

8. 准备好操作记录单,以便在实验过程中记录实验数据和观察结果。

二、开车前的检查工作

1. 检查

(1) 由相关操作人员组成装置检查小组,对本装置所有设备、管道、阀门、仪表、电气、保温等按工艺流程图要求和专业技术要求进行检查。

(2) 检查所有仪表是否处于正常状态。

(3) 检查所有设备是否处于正常状态。

2. 试电

(1) 检查外部供电系统,确保控制柜上所有开关均处于关闭状态。

(2) 开启总电源开关。

(3) 打开控制柜上空气开关。

(4) 打开装置仪表电源总开关,打开仪表电源开关,查看所有仪表是否上电,指示是否正常。

(5) 将各阀门顺时针旋转操作到关的状态。

3. 准备原料

配制 70 L 质量浓度为 1% 的 NaOH 水溶液,待用。

▶ 子任务 2　蒸发实训装置正常开车操作 ◀

一、开车操作

1. 常压开车

(1) 检查油罐 V1007 内液位是否正常,并保持其正常液位。

(2) 开启油泵进料阀 VA36,启动油泵 P1002,开启油泵出口阀 VA37,向系统内进导热油。待油罐 V1007 液位基本稳定时,开启加热器 E1001 加热系统,使导热油打循环。

(3) 当加热器出口导热油温度基本稳定在 140℃～150℃时,开始进原料。

(4) 打开阀 VA01、阀 VA02,将事先配制好的原料加入原料罐 V1001(注意:通过调节旁路阀 VA06,控制进料流量缓慢增大)。打开阀 VA05、阀 VA06、阀 VA07、阀 VA19,启动进料泵 P1001,向系统内进料液,当预热器出口料液温度高于 50℃,开启冷凝器的冷却水进水阀 VA17。

(5) 当分离器 V1002 液位达到 1/3 时,开产品罐进料阀 VA12;当汽水分离器 V1004 内液位达到 1/3 时,开启冷凝液罐 V1005 进料阀 VA25。当系统压力偏高时可通过汽水分离器放空阀 VA19,适当排放不凝性气体。

(6) 当系统稳定(加热器出口、预热器出口导热油温度稳定)时,取样分析产品和冷凝液的纯度。当产品达到要求时,采出产品和冷凝液;当产品纯度不符合要求时,通过调节产品罐循环阀 VA15、冷凝液罐循环阀 VA27,使原料继续蒸发,到采出合格的产品(注意:通过降低进料流量、提高导热油温度等方法,可以得到高纯度的产品;反之,产品纯度低)。

(7) 调整蒸发系统各工艺参数稳定,建立平衡体系。

(8) 按时做好操作记录。

2. 减压操作

(1) 检查油罐 V1007 内液位是否正常,并保持其正常液位。

(2) 开启油泵进料阀 VA36,启动油泵 P1002,开启油泵出口阀 VA37,向系统内进导热油。待蒸发器顶有导热油流下时,开启加热器 E1001 加热系统(首先在 C3000A 上手动控制加热功率大小,待温度缓慢升高到实验值时,调为自动),使导热油打循环。

(3) 当加热器出口导热油温度基本稳定在 140℃～150℃时,开始抽真空。

(4) 开启真空缓冲罐抽真空阀 VA31,关闭真空缓冲罐进气阀 VA30,关闭真空缓冲罐放空阀 VA29。

(5) 启动真空泵,当真空缓冲罐压力达到 −0.04 MPa 时,缓开真空缓冲罐进气阀 VA30 并开启各储槽的抽真空阀门(VA03、VA16、VA20、VA26)。当系统真空压力达到 −0.02 MPa～−0.04 MPa 时,关真空缓冲罐抽真空阀 VA31,停真空泵。真空度控制采用间歇启动真空泵方式。

（6）打开阀 VA01、阀 VA02，将事先配制好的原料加入原料罐 V1001。打开阀 VA05、阀 VA06、阀 VA07、阀 VA19，启动进料泵 P1001，向系统内进料液，当预热器出口料液温度高于 50℃，开启冷凝器的冷却水进水阀 VA17。

（7）当分离器 V1002 液位达到 1/3 时，开产品罐进料阀 VA12；当汽水分离器 V1004 内液位达到 1/3 时，开启冷凝液罐 V1005 进料阀 VA25。当系统压力偏高时可通过汽水分离器放空阀 VA19，适当排放不凝性气体。

（8）当系统稳定（加热器出口、预热器出口导热油温度稳定）时，取样分析产品和冷凝液的纯度，当产品达到要求时，继续采出产品和冷凝液；当产品纯度不符合要求时，通过调节产品罐循环阀 VA15、冷凝液罐循环阀 VA27，使原料继续蒸发，到采出合格的产品。

（9）调整系统各工艺参数稳定，建立平衡体系。

（10）按时做好操作记录。

二、正常运行

1. 数据记录

监视各控制参数是否稳定，当装置工艺参数稳定时，记录相关参数值。

（1）常压流程

表 5-3 常压流程参数记录表

装置编号：					日期：					班级：第　　组						
操作人员：											记录人员：					
序号	时间	导热油系统						物料系统								
		油罐液位/mm	油泵出口压力/MPa	加热器内加热丝开度/%	加热器出口温度/℃		蒸发器出口温度/℃	预热器出口温度/℃	原料罐液位/mm	进料泵出口压力/MPa	进料流量/(L·h⁻¹)	预热器进口温度/℃	蒸发器进口温度/℃	二次蒸汽温度/℃	冷凝液温度/℃	蒸发器进口压力/kPa
					现场	远传										
1																
2																
3																
4																
5																
操作记事																
异常情况记录																

（2）真空流程

表 5-4　真空流程参数记录表

真空度：

装置编号：		日期：		班级：第　　组	
操作人员：			记录人员：		

序号	时间	导热油系统						物料系统											
		油罐液位/mm	油泵出口压力/MPa	加热器内加热丝开度/%	加热器出口温度/℃		蒸发器出口温度/℃	预热器出口温度/℃	原料罐液位/mm	进料泵出口压力/MPa	进料流量/(L·h⁻¹)	预热器进口温度/℃	蒸发器进口温度/℃	二次蒸汽温度/℃	冷凝液温度/℃	蒸发器进口压力/kPa	蒸发器出口压力/kPa	分离器液位/mm	产品罐液位/mm	冷凝液罐液位/mm
					现场	远传														
1																				
2																				
3																				
4																				
5																				
操作记事																				
异常情况记录																				

2. 正常操作注意事项

（1）系统采用自来水做试漏检验时，系统加水速度应缓慢，系统高点排气阀应打开，密切监视系统压力，严禁超压。

（2）加热器加热系统启动时应保证液位满罐，严防干烧损坏设备。此外，导热油的加热应缓慢，防止油系统温度控制不稳定。

（3）油罐内导热油应控制在其正常液位，防止油加热膨胀，导热油溢出。

（4）蒸发器初始进料时进料速度不宜过快，防止物料没有汽化，影响蒸发效果。

（5）减压时，系统真空度不宜过高，应控制在−0.02 MPa～−0.04 MPa。真空度控制采用间歇启动真空泵方式，当系统真空度高于−0.04 MPa 时，停真空泵；当系统真空度低于−0.02 MPa 时，启动真空泵。

（6）减压蒸发采样为双阀采样，操作方法为：先开上端采样阀，当样液充满上端采样阀和下端采样阀间的管道时，关闭上端采样阀，开启下端采样阀，用量筒接取样液，采样后关下端采样阀。

（7）塔顶冷凝器的冷却水流量应保持在 400～600 L/h,保证出冷凝器塔顶的液相温度在 30℃～40℃,塔底冷凝器产品出口温度保持在 40℃～50℃。

子任务 3　蒸发实训装置停车操作

一、常压停车

1. 系统停止进料,关闭原料泵进出口阀,停进料泵。

2. 当塔顶分离器液位无变化、无冷凝液馏出后,关闭塔顶冷凝器冷却水进水阀停冷却水。

3. 停止加热器加热系统。

4. 当分离器、汽水分离器内的液体排放完时,关闭相应阀门。

5. 待加热器出口导热油温度低于 100℃,关闭油泵出口阀,停止油泵。

6. 打开加热器排污阀 VA38、蒸发器排污阀 VA39,将系统内的导热油回收到油罐。

7. 切断控制台、仪表盘电源。

8. 做好设备及现场的整理工作。

二、减压停车

1. 系统停止进料,关闭原料泵进出口阀,停进料泵。

2. 当塔顶分离器液位无变化、无冷凝液馏出后,关闭塔顶冷凝器冷却水进水阀停冷却水。

3. 停止加热器加热系统。

4. 当分离器、汽水分离器内的液体排放完时,关闭相应阀门。

5. 当系统温度降到 40℃左右,缓慢开启真空缓冲罐放空阀门,破除真空,系统恢复至常压状态。

6. 待加热器出口导热油温度低于 100℃,关闭油泵出口阀,停止油泵。

7. 打开加热器排污阀 VA38、蒸发器排污阀 VA39,将系统内的导热油回收到油罐。

8. 切断控制台、仪表盘电源。

9. 做好设备及现场的整理工作。

任务三　蒸发实训装置常见事故处理

一、异常现象及处理

蒸发实训装置常见异常现象及处理方法如表 5-5 所示。

表 5-5　蒸发实训装置常见异常现象及处理

序号	异常现象	原因	处理方法
1	蒸发器内压力偏高	蒸发器内不凝气体集聚或冷凝液集聚	排放不凝气体或冷凝液
2	换热器发生振动	冷流体或热流体流量过大	调节冷流体或热流体流量
3	产品纯度偏低	加热器出口导热油温度偏低	调整加热器内的加热功率或降低原料进料流量

二、正常操作中的故障扰动(故障设置实训)

在正常操作中,由教师给出隐蔽指令,通过不定时改变某些阀门、加热器的工作状态来扰动传热系统正常的工作状态,分别模拟实际生产工艺过程中的常见故障。学生根据各参数的变化情况、设备运行异常现象,分析故障原因,找出故障并动手排除故障,以提高学生对工艺流程的认识度和实际动手能力。

1. 塔顶冷凝器无冷凝液产生

在蒸发正常操作中,教师给出隐蔽指令(关闭塔顶冷却水入口的电磁阀 VA18),停通冷却水,学生通过观察温度、压力及冷凝器冷凝量等的变化,分析系统异常的原因并做处理,使系统恢复正常操作状态。

2. 真空泵全开时系统无负压

在减压蒸发正常操作中,教师给出隐蔽指令(打开真空管道中的电磁阀 VA21),使管路直接与大气相通,学生通过观察压力、塔顶冷凝器冷凝量等的变化,分析系统异常的原因并做处理,使系统恢复到正常操作状态。

拓展提升

润滑油溶剂精制过程溶剂的回收

在润滑油生产过程中,为了满足润滑油的使用要求,必须除去一些非理想组分。目前除去非理想组分常用的方法就是溶剂精制。溶剂精制即把合适的溶剂加到生产润滑油的原料中,溶剂对非理想组分的溶解度较大,而对理想组分溶解度较小。这样非理想组分就会溶解在溶剂中而被除去。

为了节约资源,溶剂需要回收并循环利用。溶剂回收采用的就是蒸发的方法把溶剂和非理想组分分开。溶剂回收所需能耗很大,所以各炼厂都把溶剂回收作为节能工作的重点,一般采用双效或三效蒸发,流程如图5-2所示。

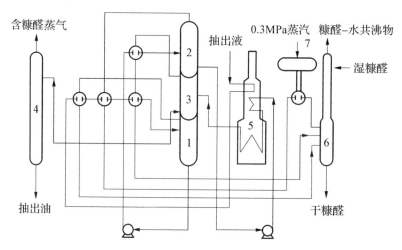

1—低压蒸发塔;2—中压蒸发塔;3—高压蒸发塔;4—汽提塔;
5—加热炉;6—干燥塔;7—蒸汽发生器。

图5-2 糠醛精制溶剂回收三效蒸发工艺流程

实训考评

一、蒸发开停车项目考核评分

考核内容	考核项目	评分要素	评分标准	配分
开车准备 （10分）	主要设备仪表识别	① 3位操作人员依据角色分配,自行进入操作岗位(1分) ② 外操到指定地点拿标识牌,分别挂牌到对应的设备及仪表上(5分)	每挂错1个牌扣1分,无汇报扣1分	6分
	阀门标示牌标识	① 按工艺流程,班长检查开车前各阀门的开关状态,找出3处错误的阀门开关状态,并挂红牌标识,并将错误的阀门进行更正(3分) ② 主操启动总电源,打开仪表电源,开机进入DCS界面(1分)	每挂错1个牌或少挂一个扣1分,每少汇报1次或汇报错误扣1分	4分
常压开车 （20分）	导热油循环	① 检查油罐V1007内液位是否正常,并保持其正常液位(1分) ② 开启油泵进料阀VA36,启动油泵P1002,开启油泵出口阀VA37,向系统内进导热油(1分) ③ 待油罐V1007液位基本稳定时,开启加热器E1001加热系统,使导热油打循环(1分)	原料加入量不在指定范围内扣2分,每少汇报1次或汇报错误扣1分	3分
常压开车 （20分）	原料进料	① 当加热器出口导热油温度基本稳定在140℃～150℃时,开始进原料(2分) ② 打开阀门VA01、VA02,将事先配制好的原料加入原料罐V1001(2分) ③ 打开阀门VA05、VA06、VA07、VA19,启动进料泵P1001,向系统内进料液,当预热器出口料液温度高于50℃时,开启冷凝器的冷却水进水阀VA17(2分) ④ 当分离器V1002液位达到1/3时,开产品罐进料阀VA12(2分) ⑤ 当汽水分离器V1004内液位达到1/3时,开启冷凝液罐V1005进料阀VA25(2分) ⑥ 当系统压力偏高时可通过汽水分离器放空阀VA19,适当排放不凝性气体(2分)	每开错1个阀门扣1分,贮水量、流量调节、塔液位不在指定范围内分别扣2分,未检查液位扣2分,液位超限而未调节记0分,泵启动错误扣2分,每少汇报1次或汇报错误扣1分	12分
	产品采出	① 当产品达到要求时,采出产品和冷凝液;当产品纯度不符合要求时,通过调节产品罐循环阀VA15、冷凝液罐循环阀VA27,使原料继续蒸发,到采出合格的产品(2分) ② 调整蒸发系统各工艺参数稳定,建立平衡体系(2分) ③ 按时做好操作记录(1分)	每开错1个阀门扣1分,贮水量、流量调节、塔液位不在指定范围内分别扣2分,未检查液位扣2分,液位超限而未调节记0分,泵启动错误扣2分,每少汇报1次或汇报错误扣1分	5分

考核内容	考核项目	评分要素	评分标准	配分
真空开车 (25分)	导热油循环	① 检查油罐 V1007 内液位是否正常,并保持其正常液位(1分) ② 开启油泵进料阀 VA36,启动油泵 P1002,开启油泵出口阀 VA37,向系统内进导热油(1分) ③ 待油罐 V1007 液位基本稳定时,开启加热器 E1001 加热系统,使导热油打循环(1分)	原料加入量不在指定范围内扣2分,每少汇报1次或汇报错误扣1分	3分
真空开车 (25分)	原料进料	① 当加热器出口导热油温度基本稳定在140℃～150℃时,开始抽真空(2分) ② 开启真空缓冲罐抽真空阀 VA31,关闭真空缓冲罐进气阀 VA30,关闭真空缓冲罐放空阀 VA29(2分) ③ 启动真空泵,当真空缓冲罐压力达到－0.04 MPa时,缓开真空缓冲罐进气阀 VA30 并开启各储槽的抽真空阀门(VA03、VA16、VA20、VA26);当系统真空压力达到－0.02 MPa～－0.04 MPa时,关真空缓冲罐抽真空阀 VA31,停真空泵(3分) ④ 打开阀门 VA01、VA02,将事先配制好的原料加入原料罐 V1001(2分) ⑤ 打开阀门 VA05、VA06、VA07、VA19,启动进料泵 P1001,向系统内进料液,当预热器出口料液温度高于50℃,开启冷凝器的冷却水进水阀 VA17(2分) ⑥ 当分离器 V1002 液位达到1/3时,开产品罐进料阀 VA12(2分) ⑦ 当汽水分离器 V1004 内液位达到1/3时,开启冷凝液罐 V1005 进料阀 VA25(2分) ⑧ 当系统压力偏高时可通过汽水分离器放空阀 VA19,适当排放不凝性气体(2分)	每开错1个阀门扣1分,贮水量、流量调节、塔液位不在指定范围内分别扣2分,未检查液位扣2分,液位超限而未调节记0分,泵启动错误扣2分,每少汇报1次或汇报错误扣1分	17分
	产品采出	① 当产品达到要求时,采出产品和冷凝液;当产品纯度不符合要求时,通过调节产品罐循环阀 VA15、冷凝液罐循环阀 VA27,使原料继续蒸发,到采出合格的产品(2分) ② 调整系统各工艺参数稳定,建立平衡体系(2分) ③ 按时做好操作记录(1分)	每开错1个阀门扣1分,贮水量、流量调节、塔液位不在指定范围内分别扣2分,未检查液位扣2分,液位超限而未调节记0分,泵启动错误扣2分,每少汇报1次或汇报错误扣1分	5分

续　表

考核内容	考核项目	评分要素	评分标准	配分
停车操作（15分）	停进料	① 系统停止进料,关闭原料泵进出口阀,停进料泵(2分) ② 当塔顶分离器液位无变化、无冷凝液馏出后,关闭塔顶冷凝器冷却水进水阀停冷却水(2分) ③ 停止加热器加热系统。(1分)	每开错1个阀门扣1分,每少汇报1次或汇报错误扣1分	5分
	停止油泵	① 当分离器、汽水分离器内的液体排放完时,关闭相应阀门(2分) ② 若真空停车,当系统温度降到40℃左右,缓慢开启真空缓冲罐放空阀门,破除真空,系统恢复至常压状态(2分) ③ 待加热器出口导热油温度<100℃,关闭油泵出口阀,停止油泵(2分) ④ 打开加热器排污阀 VA38、蒸发器排污阀 VA39,将系统内的导热油回收到油罐(2分)		8分
	停仪表电源	① 切断控制台、仪表盘电源(1分) ② 做好设备及现场的整理工作(1分)		2分
实训报表（10分）	实训数据处理	① 在动设备未启动前班长根据实训操作报表准确记录实训基础数据(5分) ② 在进行蒸发操作后,班长每5 min记录一次数据,共记录4组数据(5分)	记录错误1处或者少记录1处扣1分	10分
职业素养（20分）	行为规范	① 着装符合职业要求(2分) ② 操作环境整洁、有序(2分) ③ 文明礼貌,服从安排(2分) ④ 操作过程节能、环保(2分)	每违反1项行为规范、安全操作、敬业意识从总分中扣除2分	8分
	安全操作	① 阀门的正确操作与使用(2分) ② 水安全使用及电安全操作(2分) ③ 设备、工具安全操作与使用(2分)		6分
	敬业意识	① 创新和团队协作精神(2分) ② 认真细致、严谨求实(2分) ③ 遵守规章制度,热爱岗位(2分)		6分
考核分数				
评分人		核分人		

二、实训报告要求

1. 认真、如实填写实训操作记录表。

2. 总结蒸发操作要点及注意事项。

3. 提出提高蒸发效率的操作建议。

三、实训问题思考

1. 减压蒸发的特点与应用有哪些？

2. 试说明蒸发的分类及其应用。

3. 蒸发操作中应注意哪些问题？

4. 怎样强化蒸发器的传热速率？

5. 单效蒸发与多效蒸发的主要区别在哪里？它们适用什么场合？

项目六

过滤单元操作实训

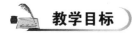

教学目标

素质目标	1. 树立工程技术观念,养成理论联系实际的思维方式 2. 具有严谨细致的工作态度 3. 服从管理、乐于奉献、有责任心,有较强的团队精神 4. 培养学生在化工相关领域持续学习、追求卓越的精神
知识目标	1. 了解分离悬浮液最普遍和最有效的单元操作 2. 掌握过滤工艺过程的原理 3. 熟悉过滤单元实训操作要点 4. 了解过滤单元操作的影响因素 5. 熟悉过滤实训装置的特点及设备、仪表标识 6. 掌握过滤实训装置的开车操作、停车操作的方法及考核评价标准
技能目标	1. 能讲述过滤实训装置的工艺流程 2. 能识读和绘制工艺流程图,能识别常见设备的图形标识 3. 会进行计算机DCS控制系统的台面操作 4. 会进行过滤实训装置开车、停车操作 5. 会监控装置正常运行的工艺参数及记录数据表,并会进一步分析影响过滤效果的因素 6. 通过DCS操作界面及现场异常现象,能及时判断异常状况 7. 会分析发生异常工况的原因,对异常工况进行处理

实训任务

通过过滤实训装置内外操协作,懂得过滤的工艺流程与原理,掌握实训装置的DCS操作并对异常工况进行分析与处理。本项目所针对的工作内容主要是对过滤实训装置的操作与控制,具体包括:过滤工艺流程、工艺参数的调节、开车和停车操作、事故处理等环节,培养分析和解决化工单元操作中常见实际问题的能力。

以3～4位同学为小组,根据任务要求,查阅相关资料,制定并讲解操作计划,完成装置操作,分析和处理操作中遇到的异常情况,撰写实训报告。

任务一　过滤装置工艺技术规程

▶ 子任务 1　认识过滤装置 ◀

一、装置特点

本装置是以碳酸钙悬浮液为例,通过板框过滤机将碳酸钙悬浮液中的固体颗粒与液体分离,本实训装置具有教学与实践相结合、实验数据准确可靠、装置结构合理、安全性能高以及适用范围广等特点。

二、装置组成

本实训装置主要有以下内容组成:板框过滤机、浆料泵、空气压缩机、原料罐、搅拌罐、洗涤罐、滤液收集罐、搅拌桨及搅拌电机、水电系统和装置 DCS 操作平台。

▶ 子任务 2　熟悉过滤工艺原理及过程 ◀

一、工艺原理

1. 过滤原理

过滤是分离悬浮液最普遍和最有效的单元操作之一,是以多孔物质为介质进行处理以达到固液分离的一种操作过程,即在外力的作用下,悬浮液中的液体通过固体颗粒层(即滤渣层)及多孔介质的孔道而使固体颗粒被截留下来形成滤渣层,从而实现固液分离(图 6-1)。过滤是分离悬浮液最普遍、有效的单元操作之一,可获得清洁的液体或固相产品,可使悬浮液分离得快速、彻底。过滤属于机械操作,与蒸发、干燥等非机械操作相比,其能量消耗较低。因此,过滤在工业中得到广泛的应用。

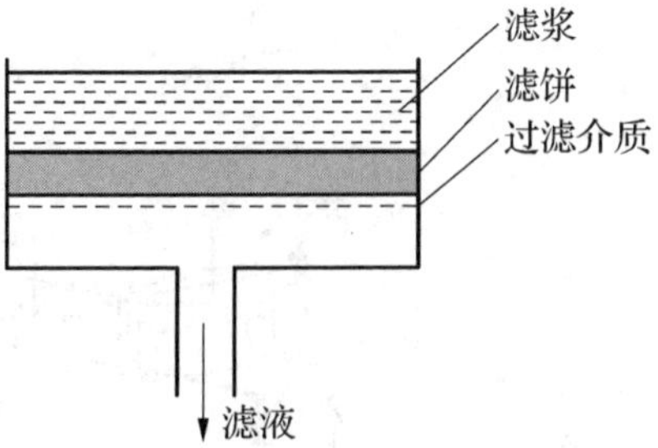

图 6-1　过滤示意图

2. 过滤操作流程

过滤操作可以连续进行,但以间歇操作更为常见。不管是连续过滤还是间歇过滤,都存在一个操作周期。过滤过程的操作周期主要包括以下几个步骤:过滤、洗涤、卸渣、清理等,对于板框过滤机等需装拆的过滤设备,还包括组装。有效操作步骤只有过滤这一步,其余均属辅助步骤,但却是必不可少的。

板框压滤机是一种古老却仍在广泛使用的过滤设备,间歇操作,其过滤推动力为外加压力。它是由多块滤板和滤框交替排列组装于机架而构成(图6-2)。滤板和滤框的数量可在机座长度内根据需要自行调整,过滤面积一般为2～80 m²。板框过滤机的洗涤过程如图6-3所示。

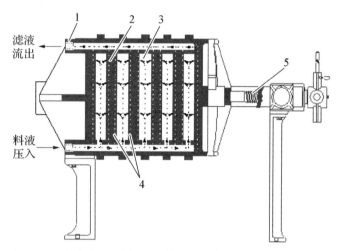

1—固定头;2—滤板;3—滤框;4—滤布;5—压紧装置。

图6-2　板框压滤机

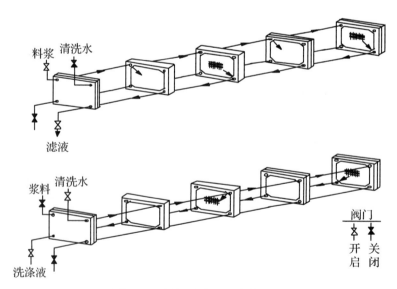

图6-3　板框过滤机的洗涤过程

二、工艺流程说明

将 $CaCO_3$ 粉末与水按一定比例投入配料釜后，启动搅拌装置形成碳酸钙悬浮液，用浆料泵送至板框过滤机进行过滤，滤液流入收集槽，碳酸钙粉末则在滤布上形成滤饼。当框内充满滤饼后，停止输送浆料，用清水对板框内滤渣进行洗涤，洗涤完成后，卸开板框过滤机板和板框，卸去滤饼，洗净滤布。

过滤单元操作流程图如图 6－4 所示。

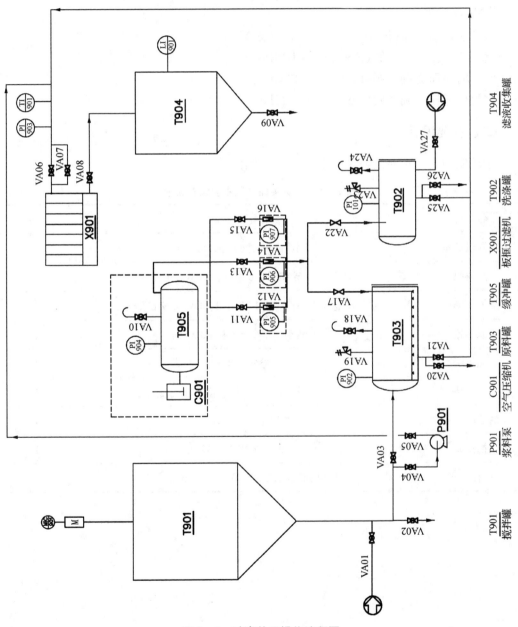

图 6－4　过滤单元操作流程图

子任务 3　了解工艺参数及设备

一、主要工艺参数

1. 温度控制

过滤机进口温度(TI901):20℃～40℃。

2. 压力控制

过滤机进口压力(PI903):0.05 MPa～0.3 MPa。

空气管道压力调节阀(PI905)≈0.1 MPa。

空气管道压力调节阀(PI906)≈0.2 MPa。

空气管道压力调节阀(PI907)≈0.3 MPa。

二、主要设备

过滤实训装置主要设备说明如表6－1所示。

表6－1　过滤实训装置主要设备说明

名　称	规格型号	数量
板框过滤机	不锈钢,过滤面积0.9 m²	1
浆料泵	不锈钢离心泵 MS60/0.37,0.37 kW,3.6 m³/h	1
空气压缩机	往复式空气压缩机,V0.17/7,0.15 kW,0.17 m³/min	1
原料罐	不锈钢,ϕ500 mm×900 mm	1
搅拌罐	不锈钢,300 L	1
洗涤罐	不锈钢,ϕ300 mm×550 mm	1
滤液收集罐	不锈钢,150 L	1
搅拌桨	不锈钢螺旋搅拌桨	1
搅拌电机	可调速电机,400 W,300 r/min	1

科技强国的专业使命感

当前,中国超滤膜产业已经进入一个快速成长期,超滤膜技术在海水淡化、给水处理、污水回用及医药食品等多个领域的应用规模迅速扩大,但在中国石化系统内反渗透膜元件主要依赖进口。为破解这一难题,燕山石化作为在生产系统,尤其是污水处理系统最早成功运用超滤技术和产品的企业,积极介入超滤膜、纳滤/反渗透膜的研发和生产,2019年,燕山石化年产4万支纳滤/反渗透膜项目,被列为北京市"100个高精尖产业项目"之一。2021年,燕山石化年产4万支纳滤/反渗透膜生产线建成投产,可生产反渗透膜和纳滤膜两类产品,产品性能可达到国际先进水平,同年由其生产的膜元件在天津石化化工污水回用装置正式投用,标志着燕山石化膜生产应用取得新突破。

2021年6月,燕山石化纳滤/反渗透膜装置为洛阳石化定制生产的108支反渗透膜元件产品顺利销售出厂,经检测,膜元件产水量和脱盐率性能良好,产品性能达到国内先进水平,打破了国内纳滤/反渗透膜元件高端市场主要依赖进口的行业垄断,标志着燕山石化水处理膜生产与应用取得新突破。

反渗透膜是一种模拟生物半透膜制成的具有一定特性的人工半透膜,是反渗透技术的核心构件。反渗透是通过施加比自然渗透压力更大的压力,使渗透向相反方向进行,从而把原水中水分子压到膜的另一边,变成洁净的水,有效去除水中的溶解盐类、胶体、微生物、有机物等。纳滤/反渗透膜技术如今广泛应用于海水淡化、工业废水处理与回用、生活污水处理等领域,其中反渗透RO技术占据中国海水淡化工程规模近七成。

近年来,燕山石化坚持攻克"卡脖子"技术,做强中国创造,坚持"生产一代、储备一代、研发一代"的新产品开发战略和"人无我有、人有我优"的差异化发展战略,以绿色、创新为转型发展方向,致力于建设清洁高效油品生产基地、高性能合成材料研发和生产基地、高性能膜产业基地、氢能产业示范基地的"四个基地"产业格局,努力实现科技先导型氢能发展领军企业和新材料研发生产领军企业的目标。

任务二　过滤装置岗位操作规程

一、开车前的准备工作

1. 对参与实训的人员进行安全培训,使其了解整个过滤单元实训装置的工艺流程,熟悉操作规程和安全注意事项。

2. 做好安全防护工作:要求实训人员穿着整洁的实训服,佩戴好安全帽、安全防护眼镜、手套等防护用品,以减少实训过程中可能发生的伤害。

3. 编制开车方案:组织讨论并汇报指导教师。

4. 做好开车前的组织安排(内外操)以及常用工具材料的准备工作。

5. 准备好碳酸钙悬浮液(含 $CaCO_3$ 浓度为 $10\% \sim 30\%$),并确保其质量符合实训要求。

6. 确保公用工程(如水、电)已引入并处于正常状态。

7. 对板框过滤机、浆料泵及空气压缩机等设备、仪表、阀门进行检查,使之处于良好的备用状态。

8. 准备好操作记录单,以便在实验过程中记录实验数据和观察结果。

二、开车前的检查工作

1. 检查

(1) 由相关操作人员组成装置检查小组,对本装置所有设备、管道、阀门、仪表、电气等按工艺流程图要求和专业技术要求进行检查。

(2) 检查所有仪表是否处于正常状态。

(3) 检查所有设备是否处于正常状态。

2. 试电

(1) 检查外部供电系统,确保控制柜上所有开关均处于关闭状态。

(2) 开启外部供电系统总电源开关。

(3) 打开控制柜上空气开关。

(4) 打开 24 V 电源开关以及空气开关,打开仪表电源开关。查看所有仪表是否上电,指示是否正常。

（5）将各阀门顺时针旋转操作到关的状态。

3. 准备原料

根据过滤具体要求,确定原料碳酸钙悬浮液的浓度(含 $CaCO_3$ 浓度为 $10\%\sim30\%$),计算出所需要清水的体积及碳酸钙的质量,用电子秤称好碳酸钙质量,备用。

4. 检查过滤装置

正确装好滤板、滤框,滤布使用前用水浸湿,滤布要绷紧,不能起皱,滤布紧贴滤板,密封垫贴紧滤布。

▶ 子任务 2　过滤实训装置正常开车操作 ◀

一、开车操作

1. 关闭搅拌罐排污阀 VA02,开启搅拌罐进水阀 VA01,注意观察搅拌罐液位,当通入所需一半清水时,开启搅拌装置,把 $CaCO_3$ 粉末缓慢加入搅拌罐搅拌。

2. 继续加水至搅拌罐规定液位(小于 1/2 处),关闭进水阀(VA01),闭合搅拌罐顶盖。

3. 开启原料罐进口阀门 VA03,液位至 2/3 处后,停止进料,关闭阀门 VA03,开启空气压缩机,开启阀门 VA11、阀门 VA12 及阀门 VA17,使容器内的料浆不断搅拌,此时要不断地开启阀门 VA18 进行排气。浆料混合均匀后,开启阀门 VA21、阀门 VA06 及阀门 VA08,观察压力表 PI905 是否为 0.1 MPa,对阀门 VA12 进行微调,压力稳定后,关闭阀门 VA06,开启阀门 VA07 进行恒压过滤。记录下一定时间内滤液收集罐滤液体积。原料罐原料不足时停止试验。

4. 用上述同样的方法可以进行不同压力下恒压过滤试验,记录不同压力下的数据。

5. 过滤结束后,关闭阀门 VA17、阀门 VA21,开启阀门 VA27 向洗涤罐通入清水,至2/3 液位处,关闭阀门 VA27,开启阀门 VA22 和阀门 VA26 进行洗涤试验,可通过观察滤液的混浊变化判断结束。

6. 实验结束后,停止空气压缩机,开启滤液收集罐出口阀门 VA08,放空滤液。

7. 开启浆料泵进口阀门 VA04、出口阀门 VA05 和板框进口阀门 VA06、板框出口阀门 VA08,关闭滤液收集罐出口阀门 VA09,开启浆料泵 P901 进行过滤试验。

二、正常运行

1. 数据记录

监视各控制参数是否稳定,记录相关参数值(见表 6-2)。

表 6-2　过滤操作数据记录表

装置编号： 操作人员：	日期：		班级：第　　组 记录人员：				
工艺参数	记录项目	1	2	3	4	5	
	时间/min						
液位 L/mm	滤液收集罐液位高度						
温度 T/℃	板框过滤机进口温度						
压力 P/MPa	压力调节阀压力						
	原料罐压力						
	板框过滤机进口压力						
同一滤液高度所需时间/s							
浆料浓度							
异常现象记录							

2. 正常操作注意事项

（1）配置原料时，注入一定清水后，边搅拌边通入剩下的清水。

（2）过滤压力不得大于 0.3 MPa。

（3）实验结束后，要及时清洗管路、设备及浆料泵，确保整个装置清洁。

▶ 子任务 3　过滤实训装置停车操作 ◀

一、装置停车操作

1. 关闭浆料泵，将搅拌罐剩余浆料通过排污阀门直接排掉，关闭排污阀 VA02，开启进水阀 VA01，清洗搅拌罐。

2. 用清水洗净浆料泵、原料罐。

3. 卸开板框过滤机，回收滤饼，以备下次实验时使用。

4. 冲洗滤框、滤板，刷洗滤布，滤布不要折叠。

5. 开启原料罐、滤液收集罐的排污阀（VA20、VA09），排掉容器内的液体，并注水将罐体冲洗干净。

6. 进行现场清理，保持各设备、管路洁净。

7. 切断控制台、仪表盘电源。

8. 做好操作记录，计算出恒压过滤常数。

二、设备维护及检修

1. 泵的开车、停车、正常操作及日常维护。
2. 板框过滤机的构造、工作原理、正常操作及维护。
3. 主要阀门的位置、类型、构造、工作原理、正常操作及维护。
4. 压力变送器、温度传感器的测量原理；温度、压力显示仪表的正常使用及维护。

任务三　过滤实训装置常见事故处理

过滤实训装置常见故障及处理方法如表6-3所示。

表6-3　过滤实训操作常见故障一览表

异常现象	原因分析	处理方法
过滤出清液浑浊	过滤时间短	延长过滤时间
	滤布安装不紧密	停止试验,卸开板框过滤机,检查板框安装是否正确
	滤布损坏	停止试验,卸开过滤机,更换滤布
过滤一段时间后不流滤液	过滤压强太小	在确保安全情况下增大过滤压强
原料管路堵塞,原料断路	原料中固体颗粒过大	停止试验,疏通管路,配料前粗滤固体物质

　拓展提升

真空带式过滤机

图6-5(a)所示为工业生产中采用减压抽滤原理设计的水平真空带式过滤机。在氧化铝生产过程中,将固液混合料经进料斗分布均匀后,真空切换阀开启真空,经过集液罐连通滤室,使滤布与滤室之间形成真空,同时滤布与滤盘在头轮电机的带动下同步前进,固液混合料液在真空作用下,抽至集液罐收集。直到滤盘前进到头,真空切换阀关闭,滤盘在主气缸的作用下开始返回,同时集液罐开始排液,滤盘返回尾部,真空切换阀再次开启真空,重新开始抽滤过程[图6-5(b)]。

化工生产中的原料、半成品以及排放的废物等大多为混合物,为了进行加工、得到纯度较高的产品以及环保的需要等,常常要对混合物进行分离。

混合物可分为均相(混合)物系和非均相(混合)物系。均相(混合)物系是指不同组分的物质混合形成一个均一相的物系,如不同组分的气体组成的混合气体、能相互溶解的液体组成的各种溶液、气体溶解于液体得到的溶液等;非均相(混合)物系是指不同物理性质(如密度差)的分散相和连续介质组成的物系,是存在着两个(或两个以上)相的混合物,如雾(气相-液相)、烟尘(气相-固相)、悬浮液(液相-固相)、乳浊液(两种不同的液相)等。

(a) 设备外形

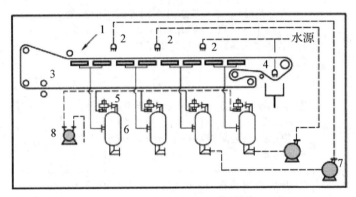

1—加料装置；2—洗涤装置；3—纠偏装置；4—洗布装置；
5—切换阀；6—排液分离器；7—返水阀；8—真空阀。

(b) 工作原理及工艺流程图

图 6 - 5　水平真空带式过滤机在氧化铝生产上的应用

非均相物系中，有一相处于分散状态，称为分散相（分散物质），如雾中的小水滴、烟尘中的尘粒、悬浮液中的固体颗粒、乳浊液中分散成小液滴的液相；另一相必然处于连续状态，称为连续相（或分散介质），如雾和烟尘中的气相、悬浮液中的液相、乳浊液中处于连续状态的液相。

非均相物系的分离在生产中有以下主要作用。

（1）满足对连续相或分散相进一步加工的需要，如从悬浮液中分离出产品。

（2）回收有价值的物质，如由旋风分离器分离出最终产品。

（3）除去对下一工序有害的物质，如气体在进入压缩机前，必须除去其中的液滴或固体颗粒，在离开压缩机后也要除去油沫或水沫。

（4）减少对环境的污染。

 实训考评

一、过滤开停车项目考核评分

考核内容	考核项目	评分要素	评分标准	配分
开车准备 (10分)	主要设备仪表识别	① 3位操作人员依据角色分配,自行进入操作岗位(1分) ② 外操到指定地点拿标识牌、液位计牌,分别挂到对应的设备及仪表上(5分)	每挂错1个牌扣1分,无汇报扣1分	6分
	阀门标示牌标识	① 按工艺流程,班长检查开车前各阀门的开关状态,找出3处错误的阀门开关状态,并挂红牌标识,并将错误的阀门进行更正(3分) ② 主操启动总电源,打开仪表电源,开机进入DCS界面(1分)	每挂错1个牌或少挂1个扣1分,每少汇报1次或汇报错误扣1分	4分
开车操作 (45分)	搅拌罐注水	① 关闭搅拌罐排污阀,开启搅拌罐进水阀,当通入所需一半清水时,开启搅拌装置(4分) ② 继续加水至搅拌罐规定液位(小于1/2)处,关闭进水阀(4分)	原料加入量不在指定范围内扣2分,每少汇报1次或汇报错误扣1分	8分
	恒压过滤	① 开启原料罐进口阀门,液位至2/3处后,停止进料,关闭阀门(2分) ② 开启空气压缩机,开启阀门VA11、阀门VA12及阀门VA17,使容器内的料浆不断搅拌,此时要不断地开启阀门VA18进行排气(3分) ③ 浆料混合均匀后,开启阀门VA21、阀门VA06及阀门VA08,观察压力表PI905是否为0.1 MPa(3分) ④ 对阀门VA12进行微调,压力稳定后,关闭阀门VA06,开启阀门VA07进行恒压过滤(3分) ⑤ 记录一定时间内滤液收集罐滤液体积(4分) ⑥ 用上述同样的方法进行不同压力下恒压过滤试验,记录不同压力下的数据(3分)	每开错1个阀门扣1分,贮水量、流量调节、塔液位不在指定范围内分别扣2分,未检查液位扣2分,液位超限而未调节记0分,泵启动错误扣2分,每少汇报1次或汇报错误扣1分	18分
	滤饼洗涤	① 过滤结束后,关闭阀门VA17、阀门VA21,开启阀门VA27向洗涤罐通入清水,至2/3液位处(7分) ② 关闭阀门VA27,开启阀门VA22和阀门VA26进行洗涤试验(6分) ③ 实验结束后,停止空压机,开启滤液收集罐出口阀门VA08,放空滤液(6分)	每开错1个阀门扣1分,贮水量、流量调节、塔液位不在指定范围内分别扣2分,未检查液位扣2分,液位超限而未调节记0分,泵启动错误扣2分,每少汇报1次或汇报错误扣1分	19分

续　表

考核内容	考核项目	评分要素	评分标准	配分
停车操作 (15分)	排污处理	① 关闭浆料泵,将搅拌罐剩余浆料通过排污阀门直接排掉(1分) ② 关闭排污阀 VA02,开启进水阀 VA01,清洗搅拌罐(2分) ③ 用清水洗净浆料泵、原料罐(2分)	每开错1个阀门扣1分,每少汇报1次或汇报错误扣1分	5分
	滤布清洗	① 卸开过滤机,回收滤饼,以备下次实验时使用(1分) ② 冲洗滤框、滤板,刷洗滤布,滤布不要打折(2分) ③ 开启原料罐、滤液收集罐的排污阀(VA20、VA09),排掉容器内的液体,并清罐体(2分)		5分
	现场清理	① 进行现场清理,保持各设备、管路洁净(3分) ② 切断控制台、仪表盘电源(1分) ③ 做好操作记录,计算出恒压过滤常数(1分)		5分
实训报表 (10分)	实训数据处理	① 在动设备未启动前班长根据实训操作报表准确记录实训基础数据(5分) ② 在进行过滤操作后,班长共记录6组数据(5分)	记录错误1处或者少记录1处扣1分	10分
职业素养 (20分)	行为规范	① 着装符合职业要求(2分) ② 操作环境整洁、有序(2分) ③ 文明礼貌,服从安排(2分) ④ 操作过程节能、环保(2分)	每违反1项行为规范、安全操作、敬业意识从总分中扣除2分	8分
	安全操作	① 阀门操作与使用正确(2分) ② 水安全使用及电安全操作(2分) ③ 设备、工具安全操作与使用(2分)		6分
	敬业意识	① 具有创新和团队协作精神(2分) ② 认真细致、严谨求实(2分) ③ 遵守规章制度,热爱岗位(2分)		6分
考核分数				
评分人			核分人	

二、实训报告要求

1. 认真、如实填写实训操作记录表。

2. 总结过滤操作要点。

3. 提出提高恒压过滤速率的操作建议。

三、实训问题思考

1. 板框过滤机的优缺点是什么？其适用于什么场合？

2. 板框压滤机的操作分哪几个阶段？

3. 为什么过滤开始时,滤液常常有点浑浊,而过段时间后才变清？

4. 影响过滤速率的主要因素有哪些？当你在某一恒压下所测得的 K、q_e、τ_e 值后,若将过滤压强提高一倍,则上述三个值将有何变化？

项目七

精馏单元操作实训

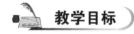 **教学目标**

素质目标	1. 具有吃苦耐劳、爱岗敬业、严谨细致的职业素养 2. 服从管理、乐于奉献、有责任心,有较强的团队协作精神 3. 能反思、改进工作过程,善于分析问题及解决问题 4. 具有良好的产品质量、安全操作、节能环保意识 5. 具有持续学习及自我提升的能力
知识目标	1. 了解精馏分离中物料的性质及精馏在化工生产中的作用和定位 2. 掌握精馏工艺过程的原理 3. 熟悉精馏单元实训操作要点 4. 了解精馏操作的影响因素 5. 熟悉精馏实训装置的特点及设备、仪表标识 6. 掌握精馏实训装置的开车操作、停车操作的方法及考核评价标准
技能目标	1. 能讲述精馏实训装置的工艺流程 2. 能识读及绘制带控制点的工艺流程图,能识别常见设备的图形标识 3. 会进行计算机 DCS 控制系统的台面操作 4. 会进行精馏实训装置开车、停车操作 5. 会监控装置正常运行的工艺参数并会记录数据表,进一步分析影响馏出液浓度的因素 6. 通过 DCS 操作界面及现场异常现象,能及时判断异常状况 7. 能根据工艺变化调节工艺参数,控制本岗位产品质量 8. 会分析发生异常工况的原因,对异常工况进行处理 9. 能识记应急处置方案

 实训任务

通过精馏实训装置内外操协作,懂得精馏的工艺流程与原理,掌握实训装置的 DCS 操作并对异常工况进行分析与处理。本项目所针对的工作内容主要是对精馏实训装置的操作与控制,具体包括:精馏实训装置工艺流程、工艺参数的调节、开车和停车操作、事故处理等环节,培养分析和解决化工单元操作中常见实际问题的能力。

以 3~4 位同学为小组,根据任务要求,查阅相关资料,制定并讲解操作计划,完成装置操作,分析和处理操作中遇到的异常情况,撰写实训报告。

任务一　精馏装置工艺技术规程

▶ 子任务 1　认识精馏装置 ◀

一、装置特点

精馏广泛应用于炼油、化工、轻工等工业领域，是一种属于传质分离的单元操作。本实训装置根据实际生产中精馏岗位的技术技能要求，结合教学需求与特点，有效避开化工行业实际生产中物料易燃、易爆、有毒、有害的特点，所用原料为无水乙醇与蒸馏水配制的质量分数为 $10\%\sim16\%$ 的溶液，产品为质量分数不低于 85% 的乙醇水溶液（以上浓度由精密酒精计测定）；能进行双组分混合液常压和减压下连续、间歇精馏开停车操作与一般事故演练操作，实现理实一体化教学。

二、装置组成

本实训装置由以下几个部分组成：板式精馏塔、塔顶冷凝器、塔底再沸器、原料加热器、进料系统、回流及馏出液采出系统、残液采出系统、物料储槽、控制仪表、公用工程和装置 MCGS 操作平台。

1. 精馏塔

塔设备是炼油和化工生产的重要设备，其作用在于提供气液两相充分接触的场所，可有效实现气液两相间的传热、传质，以达到理想的分离效果，因此它在石油化工生产中得到广泛应用。本装置采用筛板式精馏塔，由圆柱形塔体、塔板、降液管、溢流堰、受液盘及气体和液体进出口管等部件组成。实际生产中考虑到安装与检修的需要，塔体上还要设置人孔或手孔、平台、扶梯和吊柱等部件，整个塔体由塔裙座支撑。

2. 塔顶冷凝器

塔顶冷凝器的作用是将塔顶上升的蒸气全部冷凝成液体，以提供精馏塔内的下降液体。本实训装置采用的是管壳式换热器，冷却剂为冷水。

板式精馏塔及再沸器

3. 塔底再沸器

塔底再沸器的作用是加热塔底料液使之部分汽化，以提供精馏塔内的上升气流。本装置采用的是热虹吸式再沸器，加热方式为电加热。

4. 其他构件

原料加热器、进料系统、回流及流出液采出系统、残液采出系统、物料储槽、控制仪表、公用工程和装置 MCGS 操作平台以现场装置实物为准。

▶ 子任务 2　熟悉精馏工艺原理及过程 ◀

一、工艺原理

精馏是石油化工生产过程中较常用的重要单元操作过程,用于分离均相液体混合物。精馏是利用混合液中各个组分的挥发度不同来分离液体混合物。混合液中相对容易挥发的组分称为轻组分,相对难挥发的组分称为重组分。将混合液加入精馏装置,通过加入热量与取出热量,使混合液产生气液两相系统,并使两相回流至塔内,在塔板上逐级逐板逆流接触,发生多次部分汽化和部分冷凝,从而使轻组分不断由液相转入气相而上升至上一层塔板直到塔顶,使重组分不断由气相转入液相而下降至下一层塔板直到塔底,从而达到轻重组分分离的目的。

二、工艺流程说明

原料槽 V703 内约 20% 的水-乙醇混合液,经原料泵 P702 输送至原料加热器 E701,预热后,由精馏塔中部进入精馏塔 T701,进行分离。气相由塔顶馏出,经冷凝器 E702 冷却后,进入冷凝液槽 V705,经回流泵 P701,一部分送至精馏塔上部第一块塔板进行回流;另一部分送至塔顶产品槽 V702 作为产品采出。塔釜残液经塔底换热器 E703 冷却后送至残液槽 V701。精馏单元操作流程图见图 7-1。

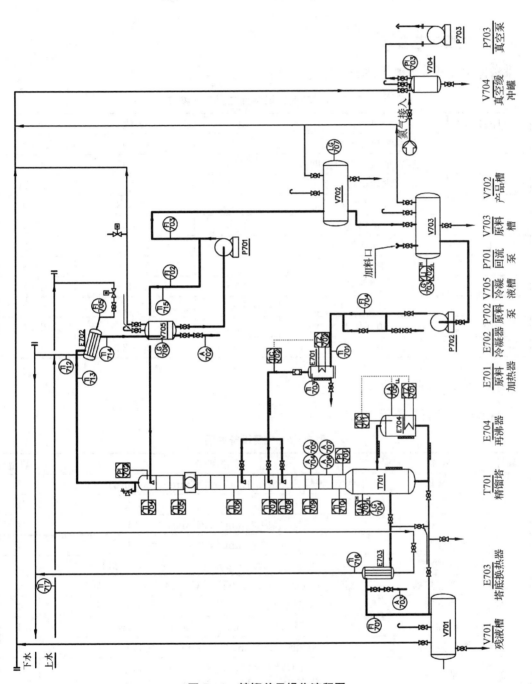

图 7-1 精馏单元操作流程图

▶ 子任务3　了解工艺参数及设备 ◀

一、主要工艺参数

精馏实训装置主要工艺参数见表7-1。

表7-1　精馏实训装置主要工艺参数

序号	项目	单位	数值	位号
1	原料加热器现场温度	℃	80～95	TI703
2	原料加热器出口温度	℃	80～95	TIC702
3	再沸器出口温度	℃	≤99	TIC711
4	塔顶温度	℃	75～78	TI704
5	进料量	L/h	5～25	FI704
6	回流量	L/h	5～15	FI702
7	馏出液量	L/h	5～10	FI703
8	残液量	L/h	5～20	FI701
9	塔顶压力	kPa	0～1	PI702
10	顶底压差	kPa	≤5	PI701
11	塔釜液位	mm	120～220	LIA701

二、主要设备

精馏实训装置主要设备见表7-2。

表7-2　主要设备说明

编号	名称	规格型号	数量
1	残液槽	不锈钢(牌号 SUS304,下同),ϕ300 mm×680 mm,V=40 L	1
2	产品槽	不锈钢,ϕ300 mm×680 mm,V=40 L	1
3	原料槽	不锈钢,ϕ400 mm×825 mm,V=84 L	1
4	真空缓冲罐	不锈钢,ϕ300 mm×680 mm,V=40 L	1
5	冷凝液槽	工业高硼硅视镜,ϕ108 mm×200 mm,V=1.8 L	1
6	原料加热器	不锈钢,ϕ219 mm×380 mm,V=6.4 L,P=2.5 kW	1
7	冷凝器	不锈钢,ϕ260 mm×780 mm,F=0.7 m²	1
8	再沸器	不锈钢,ϕ273 mm×380 mm,P=4.5 kW	1
9	塔底换热器	不锈钢,ϕ240 mm×780 mm,F=0.55 m²	1
10	精馏塔	主体不锈钢 DN100;共14块塔板; 塔釜为不锈钢塔釜 ϕ273 mm×680 mm	1
11	回流泵	离心泵/齿轮泵	1
12	原料泵	离心泵/齿轮泵	1
13	真空泵	旋片式真空泵(流量 4 L/s)	1

 **思政园地**

中国精馏之父

余国琮，1922年生，广东台山人，中国科学院院士、化学工程专家、天津大学教授、全国五一劳动奖章获得者，曾任天津大学化学工程研究所首任所长、精馏技术国家工程研究中心技术委员会主任、天津大学化工学院名誉院长。他是我国精馏分离学科的创始人、现代工业精馏技术的先行者、化工分离工程科学的开拓者、精馏技术领域国际著名专家，在精馏技术基础研究、成果转化和产业化等方面做出了系统性、开创性贡献。他研发了我国自主重水生产工业技术，为新中国核工业的起步做出重要贡献。以他名字命名的Yu-Coull热力学活度系数模型被广泛应用。他在精馏领域的一系列创新性研究成果得到广泛应用，助推了我国石化工业技术的跨越式发展。他的研究成果已经成功应用于数以千计的工业精馏塔，创造了巨大的经济和社会效益，为我国化工制造业的技术水平提升和国民经济发展做出重要贡献。

20世纪50年代，我国炼油工业刚刚起步，蒸馏（也称精馏）技术是其中关键。已在天津大学任教的余国琮敏锐发现这一产业的重大需求，开始进行化工精馏技术领域的科研攻关。1954年，由余国琮指导，天津大学化工机械教研室建立了我国第一套大型塔板实验装置。经过两年研究，余国琮于1956年撰写论文《关于蒸馏塔内液体流动阻力的研究》，引起中华人民共和国化学工业部（简称化工部）的注意，遂被邀请参与精馏塔标准化的大型实验研究。随后五年里，余国琮接受化工部"标准圆形泡罩性能的测定"等科研任务，完成包括压力降、液面落差、雾沫夹带、塔板上液相返混以及分离效率在内的多项研究，这些工作成为我国实现塔板标准化、系列化的开端。大型塔板蒸馏实验奠定了余国琮化工蒸馏科研的基础。此后不久，余国琮参与了我国第一个科学发展远景规划——"十二年科技规划"的制定工作，他被分配到化工组，组长是时任化工部副部长的侯德榜。一时间，国内的化工精英齐聚北京，交流、探讨，甚至争吵，激烈的头脑风暴为中国工业和化学工程学科的发展规划了宏伟蓝图。经过努力，天津大学的化工"蒸馏"科研被列入"十二年科技规划"之中，天津大学化学工程专业也于1958年设立。

20世纪80年代初，我国大庆油田巨资引进原油稳定装置，但由于装置的设计没有充分考虑我国原油的特殊性，投运后无法正常运行和生产。外国技术人员在现场连续攻关数月，仍未能解决问题，巨额经济效益一天天流失。余国琮应邀带领团队对这一装置开展研究，很快发现问题所在，并应用自主技术对装置实施改造，成功解决制约装置正常生产的多个关键性技术问题，最终使整套装置实现正常生产。不仅如此，经过他们改造的装置，技术指标甚至超过了原来的设计要求。随后，余国琮又带领团队先后对我国当时全套引进的燕山石化30万吨乙烯装置、茂名石化大型炼油减压精馏塔、上海高桥千万吨级炼油减压精馏塔、齐鲁石化百万吨级乙烯汽油急冷塔等一系列超大型精馏塔进行了"大手术"。这样的"手术"使炼油过程中石油产品拔出率提高了1%～2%，仅这一项就可为企业每年增加数千万元效益。

　　进入 21 世纪，化学工业成为我国国民经济的支柱产业，为各行业的发展提供各种原料和燃料，支撑着我国经济的高速增长。精馏，作为覆盖所有石化工业的通用技术，在炼油、乙烯和其他大型化工过程中发挥着关键作用。余国琮深刻认识到，激烈的技术竞争必将加速精馏技术新的突破。同时他也看到，工业技术的发展对精馏技术提出了更新、更高的要求，现有的理论和方法虽尚有发展空间，但已无法满足生产技术进步的需要。特别是在热力学上的高度不可逆操作方式以及在设计中对经验的依赖，已经成为精馏技术进一步提高、能耗进一步降低难以逾越的瓶颈。余国琮认为，工业技术的革命性创新必须先在基础理论和方法上取得突破，打破原有理论框架桎梏，引入结合其他学科的最新理论和研究成果。为此，他提出了应用现代计算技术，借鉴计算流体力学、计算传热学的基本方法，结合现代物质传递、扩散理论，针对精馏以及其他化工过程开辟一个全新的研究领域——化工计算传质学理论，进而最终从根本上解决现有精馏过程的工业设计中对经验的依赖，让化工过程设计从一门"艺术"逐步走向科学。

任务二　精馏装置岗位操作规程

子任务 1　精馏实训装置开车前的准备与检查

一、开车前的准备工作

1. 对参与实训的人员进行安全培训,使其了解整个精馏单元实训装置的工艺流程,熟悉操作规程和安全注意事项。

2. 做好安全防护工作:要求实训人员穿着整洁的实训服,佩戴好安全帽、安全防护眼镜、手套等防护用品,以减少实训过程中可能发生的伤害。

3. 编制开车方案:组织讨论并汇报指导教师。

4. 做好开车前的组织安排(内外操)以及常用工具材料的准备工作。

5. 根据实训内容配备好 10%～16% 的乙醇水溶液(100 L)储存在配料桶备用,并确保其质量符合实训要求。

6. 确保公用工程(如水、电)已引入并处于正常状态。

7. 对机泵、仪表、阀门进行检查,使之处于良好的备用状态。

8. 准备好操作记录单,以便在实验过程中记录实验数据和观察结果。

二、开车前的检查工作

由相关操作人员组成装置检查小组,对本装置所有设备、管道、阀门、仪表、电气、照明、分析、保温等按工艺流程图要求和专业技术要求进行检查。

1. 试电

(1) 检查外部供电系统,确保控制柜上所有开关均处于关闭状态。

(2) 开启外部供电系统总电源开关。

(3) 打开控制柜上空气开关,三相电指示灯正常即为合格。

(4) 打开仪表电源空气开关、仪表电源开关,查看所有仪表是否上电,指示是否正常。

2. 试水

打开装置上下水总阀,分别检查塔顶冷凝器和残液冷却器供水,流量计能够达到最大流量,则为合格。

3. 真空试车

(1) 关闭真空缓冲罐进气阀、真空缓冲罐放空阀,打开真空缓冲罐抽真空阀。

（2）启动真空泵,当真空缓冲罐真空度达到 0.06 MPa 时,缓开真空缓冲罐进气阀及原料槽抽真空阀、残液槽抽真空阀、冷凝液槽抽真空阀和产品槽抽真空阀,当系统真空度达到 0.03 MPa 时,关真空缓冲罐抽真空阀,停真空泵。

（3）观察真空缓冲罐真空度上升速度,当真空缓冲罐真空度上升速度不大于 0.01 MPa/10 min,可判定真空系统正常。

4.试漏及试泵

将自来水引入原料槽,通过原料泵及进料管线,将自来水送入精馏塔内,注满精馏塔直至冷凝液槽液位达到一半为止,停止原料泵。启动塔顶回流泵(产品泵与回流泵为同一台泵),将冷凝液槽内液体通过回流液管线与塔顶产品采出管线同时输送,使各液相管路内充满水。检查各管路、设备连接处及焊缝处如无泄漏,原料泵及回流泵运行正常,则为合格。

5.试加热

（1）原料加热器:确认原料加热器出口阀处于打开状态,玻璃视镜充满液体,打开原料加热器加热钥匙开关,在电脑界面调节原料加热器加热开度至 100%,查看原料加热器加热电压指示表,若在 220 V 左右,则为正常。之后关闭原料加热器加热。

（2）再沸器:确认塔釜液位在 120 mm 以上,打开再沸器加热钥匙开关,在电脑界面调节再沸器加热开度至 100%,查看再沸器加热电压指示表,若在 380 V 左右,则为正常。之后关闭再沸器加热。

两个加热器试加热结束后,将装置内水排空。

注意:试车过程中若发现不正常的声响或其他异常情况,应停车检查原因,并消除后再试。

▶子任务2　精馏实训装置常压开车操作◀

一、冷态开车准备与检查

1.开启控制台、仪表盘电源。检查并确认总电源、电压表、C3000 仪表显示、实时监控仪正常。

2.将配料桶内配好的原料加入装置原料槽,液位不低于 200 mm。

3.确认关闭原料槽、原料加热器和再沸器卸料阀、再沸器至塔底换热器连接阀、塔釜卸料阀、冷凝液槽出口阀、与真空系统的连接阀、回流流量调节阀、馏出液流量调节阀、残液流量调节阀。

4.打开冷凝液槽放空阀、产品槽放空阀、原料槽放空阀、残液槽放空阀;打开精馏塔进料口三个阀门中的任一阀门(根据具体操作选择)。

5.将红、绿指示牌按阀门启闭状态挂好。

6.复查装置供水是否正常。若正常可继续开工操作。

二、开车操作

1. 进料

开启原料泵进口阀门,启动原料泵,通过旁路快速进料,当观察到原料加热器上的视盅中有一定的料液后,继续向精馏塔塔釜内进料,控制好再沸器液位在 120～220 mm,停止进料。

2. 原料加热器加热

确认原料加热器出口阀处于打开状态,玻璃视镜充满液体,打开原料加热器加热钥匙开关,在电脑界面调节原料加热器加热开度至 100%,确认原料加热器加热电压指示表在 220 V 左右,原料加热器开始加热升温,密切关注原料加热器现场温度计指示,待温度到达 80℃后,将原料加热器加热开度调至 20% 保温,防止原料加热器在连续进料前沸腾。

3. 再沸器加热

确认塔釜液位在 120 mm 以上,打开再沸器加热钥匙开关,在电脑界面调节再沸器加热开度至 100%,确认再沸器加热电压指示表在 380 V 左右,再沸器开始加热升温。

4. 冷凝器投用

再沸器开始加热后,主操通知二楼副操将塔顶冷凝器冷却水投用,冷却水流量先开至 100 L/h;待塔顶由常温开始上升时,将冷凝水开至 160 L/h,同时关闭冷凝液槽放空阀,若塔顶压力超过 0.2 kPa,可将冷凝水开至最大,若压力继续增大至 0.5 kPa,可打开放空阀排放不凝气。

5. 全回流操作

当冷凝液槽液位达到 1/3 时,开冷凝液槽出料阀和回流阀,启动回流泵,调节回流量至 5～15 L/h,系统进行全回流操作,控制冷凝液槽液位稳定,控制系统压力、温度稳定。

6. 全回流稳定

当精馏塔塔顶气相温度稳定于 76℃～79℃时(或较长时间回流后,精馏塔塔节上部几点温度趋于梯度,接近乙醇常压沸点温度 78.4℃,可视为系统全回流稳定),用酒精比重计分析冷凝液轻组分含量,当乙醇含量不低于 85% 时,准备进入部分回流操作。

三、正常运行

1. 塔顶产品采出

全回流稳定后,打开塔顶产品采出流量计,调节流量至 5～10 L/h,以冷凝液槽液位稳定为原则,调节回流比为 2∶1。

2. 连续精馏进料

打开原料泵进口阀,启动原料泵,通过进料流量计进料,控制进料量在 5～25 L/h。

3. 原料加热器升温

将原料加热器加热开度由 20% 逐渐提升,控制进料状态为饱和液体状态进料。

4. 塔釜产品采出

当塔釜温度超过 92℃,开塔底换热器冷却水进口阀,开塔釜残液出料阀,通过残液采出流量计出料,调节流量至 5～25 L/h,控制塔釜液位稳定在 120～220 mm。

5. 调节精馏塔稳定

调整精馏系统各工艺参数,稳定塔操作系统。

6. 改变进料状态

连续精馏进料 15 分钟后,逐渐提高原料加热器加热负荷,通过原料加热器上方玻璃视镜观察进料状态,将原料加热器加热至沸腾,通过调节进料流量和原料加热器加热负荷,控制进料状态为气液混合状态进料。

7. 及时记录操作参数

监视各控制参数是否稳定,记录相关参数值(见表 7-3)。

表 7-3　精馏操作数据记录表

序号	时间	进料系统				塔系统						冷凝系统			回流系统			残液系统
		原料槽液位/mm	进料流量/(L·h⁻¹)	原料加热器加热开度/%	进料温度/℃	塔釜液位/mm	再沸器温度/℃	塔顶温度/℃	塔釜压力/kPa	塔顶压力/kPa		塔顶蒸汽温度/℃	冷凝液温度/℃	冷却水流量/(L·h⁻¹)	回流温度/℃	回流流量/(L·h⁻¹)	产品流量/(L·h⁻¹)	残液流量/(L·h⁻¹)
1																		
2																		
3																		
4																		
5																		
6																		
7																		
8																		
9																		
10																		
11																		
12																		
操作记事																		
异常现象记录																		
操作人:									指导老师:									

四、开车操作要点

1. 开车期间谨防原料加热器干烧和超压。

2. 谨防再沸器干烧。

3. 谨防精馏塔超压和塔内气液接触异常。

4. 谨防原料泵、回流泵抽空。

5. 谨防外部供水中断,造成精馏系统供水中断。

6. 以上几点要做到每5分钟巡检一次,做好记录。

▶ 子任务3　精馏实训装置常压停车操作 ◀

一、停车准备工作

1. 装置停车要做到安全、稳定、文明、卫生,做到团队协作、统一指挥,各岗位密切配合。

2. 停车要做到:不超温,不超压,不着火,不冒罐,不水击损坏设备,设备管线内不存物料,降量不出次品,不拖延时间停车。

3. 组员熟悉停车方案安排、工作计划以及岗位间的衔接。

4. 准备好停车期间的使用工具。

5. 关好水电、仪器设备,确保设备回到初始开车状态。

二、停车操作要点

1. 停车前五分钟先将原料加热器进料状态由气液混合进料降为饱和液体进料。

2. 停车要按照逐步减量减负荷的原则,逐步停车。

3. 停原料泵时要注意关闭顺序,防护原料加热器物料倒流。

4. 停加热时要注意关闭顺序。

5. 执行 HSE 有关规定,文明操作。

三、装置停车操作

1. 停止进料:关闭进料流量计、原料泵出口阀,停止原料泵,最后关闭泵前阀。

2. 停止加热:原料加热器、再沸器先调加热负荷为0,再关闭加热开关。

3. 停止回流:关闭回流流量计调节阀。

4. 停止残液采出:先关闭残液采出流量计,后关闭残液采出开关阀。

5. 待冷凝液槽液位为0后,关闭塔顶采出流量计,停止塔顶产品采出。

6. 停止回流泵。

7. 关闭塔顶冷凝器、残液冷却器供水,关闭上下水总阀。

8. 收集产品槽产品,接收至产品桶,妥善储存。

9. 关闭操作台电脑、仪表、报警器。

10. 关闭总电源,恢复阀门状态为开车准备阶段的启闭状态。

◢ 子任务4　精馏实训装置减压开停车操作 ◣

一、减压精馏开车操作

1. 确认关闭原料槽、原料加热器和再沸器卸料阀、再沸器至塔底冷凝器连接阀、塔釜出料阀、冷凝液槽出口阀。

2. 开启控制台、仪表盘电源。

3. 将配置好的原料液加入原料槽。

4. 开启原料泵进口阀、精馏塔进料阀(根据操作,可选择阀三个精馏塔进料口阀门中的任一阀门,此阀在整个实训操作过程中禁止关闭)、冷凝液槽放空阀。

5. 开启真空缓冲罐抽真空阀,确认关闭真空缓冲罐进气阀、真空缓冲罐放空阀。

6. 启动真空泵,当真空缓冲罐压力达到−0.06 MPa时,缓开真空缓冲罐进气阀及开启各储槽的抽真空阀门。当系统真空度达到0.02 MPa～0.04 MPa时,关真空缓冲罐抽真空阀,停真空泵。系统真空度控制采用间歇启动真空泵方式,当系统真空度高于0.04 MPa时,停真空泵;当系统真空度低于0.02 MPa时,启动真空泵。

7. 启动原料泵,通过旁路快速进料,当观察到原料加热器上的视盅中有一定的料液后,可缓慢开启原料加热器加热系统,同时继续往精馏塔塔釜内加入原料液,调节好再沸器液位至120～220 mm,停原料泵。

8. 启动精馏塔再沸器加热系统,当塔顶温度上升至50℃左右时,开启塔顶冷凝器冷却水进水阀,调节好冷却水流量,关闭冷凝液槽放空阀。

9. 当冷凝液槽液位达到1/3～2/3时,开冷凝液槽出料阀和回流阀,启动回流泵,系统进行全回流操作,控制冷凝液槽液位稳定,控制系统压力、温度稳定。当系统压力偏高时,可通过调节真空泵抽气量适当排放不凝性气体。

10. 当精馏塔塔顶气相温度(具体温度应根据系统真空度换算确定)稳定时(或较长时间回流后,精馏塔塔节上部几点温度趋于相等,接近乙醇沸点温度,可视为系统全回流稳定),用乙醇比重计分析塔顶产品中乙醇含量。当塔顶产品乙醇含量大于85%,塔顶采出合格产品。

11. 开塔底换热器冷却水进口阀,根据塔釜温度,开塔釜残液出料阀、产品进料阀、塔底换热器料液出口阀。

12. 当再沸器液位开始下降时,可启动原料泵,并控制原料加热器加热功率为额定功率的50%～60%,将原料液预热到75℃～85℃后,送精馏塔。

13. 调整精馏系统各工艺参数,稳定塔操作系统。

14. 及时做好操作记录。

二、减压精馏停车操作

1. 系统停止加料,停止原料加热器加热,关闭原料液泵进出口阀,停原料泵。

2. 根据塔内物料情况,停止再沸器加热。

3. 当塔顶温度下降,无冷凝液馏出后,关闭塔顶冷凝器冷却水进水阀,停冷却水,停回流泵,关泵进出口阀。

4. 当系统温度降到 40℃ 左右,缓慢开启真空缓冲罐放空阀门,破除真空,然后开精馏系统各处放空阀(开阀门速度应缓慢),破除系统真空,系统恢复至常压状态。

5. 当再沸器和原料加热器物料冷却后,开再沸器和原料加热器排污阀,放出原料加热器及再沸器内物料,开塔底冷凝器排污阀、塔底产品槽排污阀,放出塔底冷凝器内物料、塔底产品槽内物料。

6. 切断控制台、仪表盘电源。

7. 做好设备及现场的整理工作。

三、注意事项

1. 再沸器内液位高度一定要超过 120 mm,才可以启动再沸器电加热器进行系统加热,严防干烧损坏设备。

2. 原料加热器启动时应保证液位满罐,严防干烧损坏设备。

3. 精馏塔塔釜加热应逐步增加加热电压,使塔釜温度缓慢上升。升温速度过快,易造成塔视镜破裂(热胀冷缩),大量轻、重组分同时蒸发至塔釜内,延长塔系统达到平衡时间。

4. 精馏塔塔釜初始进料时进料速度不宜过快,应防止塔系统进料速度过快、满塔。

5. 系统全回流时应控制回流流量和冷凝流量基本相等,保持冷凝液槽液位稳定,防止回流泵抽空。

6. 系统全回流流量应控制在 5～15 L/h,保证塔系统气液接触效果良好,塔内鼓泡明显。

7. 减压精馏时,系统真空度不宜过高,应控制在 0.02 MPa～0.04 MPa。系统真空度控制采用间歇启动真空泵方式,当系统真空度高于 0.04 MPa 时,停真空泵;当系统真空度低于 0.02 MPa 时,启动真空泵。

8. 减压精馏采样为双阀采样,操作方法:先开上端采样阀,当样液充满上端采样阀和下端采样阀间的管道时,关闭上端采样阀,开启下端采样阀,用量筒接取样液,采样后关下端采样阀。

9. 系统进行连续精馏时,应保证进料流量和采出流量基本相等。各处流量计操作应互相配合,默契操作,保持整个精馏过程的操作稳定。

10. 塔顶冷凝器的冷却水流量应保持在 100～160 L/h,保证出冷凝器塔顶液相在 30℃～40℃,塔底冷凝器产品出口温度保持在 40℃～50℃。

任务三　精馏实训装置常见事故处理

一、正常操作中的故障扰动(故障设置实训)

在精馏正常操作中,由教师给出隐蔽指令(通过不定时改变某些阀门的工作状态来扰动精馏系统正常的工作状态),分别模拟出实际精馏生产过程中的常见故障,学生根据各参数的变化情况、设备运行异常现象,分析故障原因,找出故障并动手排出故障,以提高学生对工艺流程的认识度和实际动手能力。

1. 塔顶冷凝器无冷凝液产生

在精馏正常操作中,教师给出隐蔽指令(关闭塔顶冷却水入口的电磁阀)停通冷却水,学生通过观察温度、压力及冷凝器冷凝量等的变化,分析系统异常的原因并进行处理,使系统恢复正常操作状态。

2. 真空泵全开时系统无负压

在减压精馏正常操作中,教师给出隐蔽指令(打开真空管道中的电磁阀),使管路直接与大气相通,学生通过观察压力、冷凝器冷凝量等的变化,分析系统异常的原因并进行处理,使系统恢复正常操作状态。

二、常见异常现象及处理(表 7 - 4)

表 7 - 4　精馏操作异常现象及处理方法

异常现象	原因分析	处理方法
精馏塔液泛	塔负荷过大 回流量过大 塔釜加热过猛	调整负荷或调节加料量,降低釜温 减少回流,加大采出 减小加热量
系统压力增大	不凝气积聚 采出量少 塔釜加热功率过大	排放不凝气 加大采出量 调整加热功率
系统压力负压	冷却水流量偏大 进料 T<进料塔节 T	减小冷却水流量 调节原料加热器加热功率
塔压差大	负荷大 回流量不稳定 液泛	减少负荷 调节回流比 按液泛情况处理

拓展提升

精馏在常减压工艺中的应用

原油是极其复杂的混合物,要从原油中提炼出多种燃料和润滑油产品,基本途径主要是:将原油分割成不同馏程的馏分,然后按照油品的使用要求除去这些馏分中的非理想组分,或者由化学转化形成所需要的组成,从而获得一系列产品。

基于此原因,炼油厂必须解决原油的分割和各种石油馏分在加工、精制过程中的分离问题。而蒸馏正是一种合适的手段,能够将液体混合物按组分的沸点或蒸气压的不同而分离为轻重不同的馏分。

根据原油中各组分挥发度不同,通过加热,在塔的进料段处产生一次汽化,上升气体与塔顶打入的回流液体通过塔盘逆流接触,以其温度差和相间浓度差为推动力进行双向传热传质,经过气体的逐次冷凝和液体的渐次汽化,使不平衡的气液两相通过密切接触而趋近平衡,从而使轻重组分得到一定程度的分离。

常减压蒸馏装置,是以加热炉和精馏塔为主体组成的管式蒸馏装置。经过预处理的原油流经一系列换热器,与温度较高的蒸馏产品及回流油换热,进入一个初馏塔,闪蒸出(或馏出)部分轻组分,塔底拔头原油继续换热后进入加热炉被加热至一定温度,进入精馏塔。此精馏塔在接近大气压下操作,故称为常压塔。在这里原油被分割,塔顶出石脑油;侧线出煤油、柴油等馏分;塔底产品为常压重油,沸点一般高于350℃。为了进一步生产润滑油原料和催化原料,如果把重油继续在常压下蒸馏,则需将温度提高到400℃～500℃。此时,重油中的胶质、沥青质和一些对热不安定组分会发生裂解、缩合等反应,这样一是降低了产品质量,二是加剧了设备结焦。因此,必须将常压重油在减压(真空)条件下进行蒸馏。降低外压可使物质的沸点下降,故而可以进一步从常压重油中馏出重质油料,进行减压蒸馏的设备为减压塔。减压塔底产物集中了绝大部分的胶质、沥青质和很高沸点(500℃以上)的油料,称为减压渣油,这部分渣油可以进一步加工制取高黏度润滑油、沥青、燃料和焦炭。减压蒸馏温度(减压塔进料温度)一般限制在390℃以下,现代化大型炼油厂采用减压深拔技术,把减压蒸馏温度提高到408℃,把减压切割点提高到565℃,从而提高了总拔出率。

这种配有常压和减压的精馏装置称为常减压蒸馏装置。工艺流程如图7-2所示。

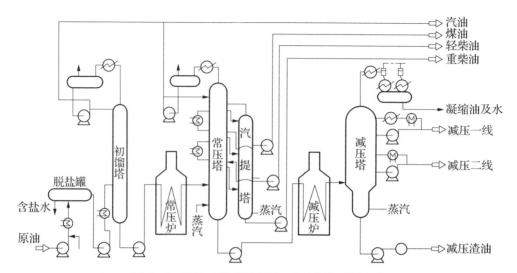

图 7 – 2　三段式常减压蒸馏工艺流程图(燃料型)

 **实训考评**

一、精馏常压开停车项目考核评分

考核内容	考核项目	评分要素	评分规则	配分	得分
技术指标评分（27分）	工艺指标合理性（7分）	① 原料加热器温度不超过 95℃	超出持续 2 min 一次扣 2 分，该项扣完为止	2分	
		② 塔釜液位维持在 120～220 mm	超出持续 2 min 一次扣 2 分，该项扣完为止	2分	
		③ 塔顶压力不超过 1 kPa	超出维持 1 min 一次扣 1 分，该项扣完为止	1分	
		④ 塔顶温度不超过 80℃	超出维持 1 min 一次扣 1 分，该项扣完为止	2分	
	产量与质量（20分）	① 产品浓度得分	浓度大于 85% 得 10 分，80%～85% 得 5 分，低于 80% 不得分	10分	
		② 产品产量得分	产量大于 6 kg 得 10 分，5～6 kg 得 5 分，3～5 kg 得 3 分，低于 3 kg 不得分	10分	
规范操作评分（50分）	开车准备（10分）	① 3 位操作人员依据角色分配，自行进入操作岗位（1分）	角色分配不清、串岗各扣 1 分	2分	
		② 主操检查总电源、仪表盘、监控仪、电压表并口述检查结果	未检查、未口述各扣 1 分	2分	
		③ 外操检查阀门状态并挂牌；除放空阀与三个进料板打开挂绿牌外，其他阀门关闭挂红牌	遗漏一处扣 1 分，状态与颜色不一致一处扣 1 分	2分	
规范操作评分（50分）	开车准备（10分）	④ 检查塔顶冷凝器与残液冷却器供水是否正常	未检查扣 2 分，少检查一项扣 1 分	2分	
		⑤ 检查并清空冷凝液槽、产品槽中积液	未检查扣 2 分，少检查一项扣 1 分	2分	
	开车操作（10分）	① 规范启动原料泵加料至塔釜合适液位，停泵	进料不规范扣 1 分；停泵不规范扣 1 分	2分	
		② 规范开启再沸器、原料加热器加热	加热启动不规范扣 2 分	2分	
		③ 适时投用冷凝水，釜温超过 50℃冷凝水投用 80 L/h，第 7 节塔板温度超过 50℃，冷凝水投用大于 160 L/h	未投用冷凝水扣 2 分，投用不及时扣 1 分	2分	
		④ 适时打回流。冷凝液槽液位 2 cm 以上，规范启动回流泵打回流	回流泵启动不规范，打回流不及时每项扣 1 分	2分	
		⑤ 全回流稳定后，流量控制在 5～15 L/h，全回流操作不低于 5 min	稳定后流量不在范围内扣 1 分，时间低于 5 min 扣 1 分	2分	

续　表

考核内容	考核项目	评分要素	评分规则	配分	得分
规范操作评分（50分）	正常运行生产（17分）	① 全回流 5 min 以上，冷凝液槽液位较高时（超过50%），采出馏出液，进行部分回流	未采出、采出不及时各扣1分	2分	
		② 塔顶采出后，规范启动原料泵二次连续进料，控制进料量为15～25 L/h	采出馏出液 1 min 内未二次进料扣 2 分，进料操作不规范扣 1 分，进料流量不在规定范围内扣 2 分	5分	
		③ 进料温度稳定后，选择合适的进料板进料，关闭其他两个进料口	未选择进料板扣 2 分	2分	
		④ 控制冷凝液槽液位不低于2 cm	低于 2 cm 一次扣 2 分，抽空扣 4 分	4分	
		⑤ 控制冷凝液温度不高于40℃	高于 40℃ 扣 2 分	2分	
		⑥ 适时采出残液，控制塔釜液位在 120～220 mm，投用残液冷却器	未采出残液扣 1 分，未投用冷却器扣 1 分，液位超出范围按指标配分扣分	2分	
	正常停车（13分）	① 精馏操作考核 100 min 后，停进料泵，关闭相应阀门	停泵不规范扣 1 分，阀门未关闭扣 1 分	2分	
		② 规范（先调 0，后关加热电源）停止原料加热器与再沸器加热	未停止加热扣 2 分，操作不规范扣 1 分	2分	
		③ 停回流，加大馏出液采出，待冷凝液槽液体全部送入产品槽后，停止回流泵	未增加馏出液采出扣 1 分，冷凝液未采出完全扣 1 分，停泵不规范扣 1 分	3分	
		④ 停止塔釜残液采出	未关闭残液采出流量计及相关阀门扣 2 分	2分	
		⑤ 关闭冷凝水与冷却水	未关闭一处扣 1 分	2分	
		⑥ 恢复阀门初始状态并按正确颜色挂牌	未恢复扣 2 分，遗漏一处扣 1 分	2分	
操作数据评分（3分）	操作数据记录（3分）	原料加热器与再沸器开启加热后，每 5 分钟记录一次数据，记录及时、完整、规范	记录错误一处或者少记录一处扣 1 分，该项扣完为止	3分	
职业素养（20分）	文明操作（10分）	① 穿戴符合职业要求	每违反 1 项文明行为规范扣除对应配分	3分	
		② 操作环境整洁、有序		3分	
		③ 文明礼貌，服从、尊重考评人员与工作人员		4分	
	安全操作（10分）	① 出现原料加热器干烧（玻璃视镜无液体＋加热）	出现任何一项违反安全的操作，扣 10 分	10分	
		② 出现再沸器干烧（塔釜液位低于 100 mm 且正在加热）			
		③ 出现其他人为的安全操作事故等			

二、实训报告要求

1. 认真、如实填写实训操作记录表。
2. 总结精馏常压开停车操作要点。
3. 提出提高馏出液质量的操作建议。

三、实训问题思考

1. 影响精馏塔操作稳定的因素有哪些?
2. 如何做到安全、有效地进行精馏操作?
3. 工业生产中精馏遵循的"一稳两调节"指的是什么?
4. 回流液温度变化对塔的操作有何影响?
5. 精馏塔的塔高和塔径对处理量及产品质量有何影响?

项目八

吸收-解吸单元操作实训

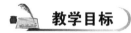

教学目标

素质目标	1. 具有良好的行为规范、职业道德和工匠精神 2. 树立工程技术观念,养成理论联系实际的思维方式 3. 具有良好的产品质量、安全操作、低碳意识及节能环保意识 4. 具有较强的组织管理、环境适应、团队合作及独立工作能力 5. 具有较强的沟通能力与语言表达能力
知识目标	1. 了解吸收-解吸在化工生产中的作用和定位、发展趋势及新技术应用 2. 掌握吸收-解吸工艺过程的原理 3. 熟悉吸收-解吸单元实训操作要点 4. 了解吸收-解吸操作的影响因素 5. 熟悉吸收-解吸实训装置的特点及设备、仪表标识 6. 掌握吸收-解吸实训装置的开车操作、停车操作的方法及考核评价标准
技能目标	1. 能讲述吸收-解吸实训装置的工艺流程 2. 能识读和绘制工艺流程图、识别常见设备的图形标识 3. 会进行计算机 DCS 控制系统的台面操作 4. 会进行吸收解吸装置开车、停车操作 5. 会监控装置正常运行的工艺参数及记录数据表,并进一步分析影响吸收效果的因素 6. 通过 DCS 操作界面及现场异常现象,能及时判断异常状况 7. 能根据工艺变化调节工艺参数 8. 会分析发生异常工况的原因,对异常工况进行处理

实训任务

通过吸收-解吸实训装置内外操协作,懂得吸收-解吸的工艺流程与原理,掌握实训装置的 DCS 操作并对异常工况进行分析与处理。本项目所针对的工作内容主要是对吸收-解吸实训装置的操作与控制,具体包括:吸收-解吸工艺流程、工艺参数的调节、开车和停车操作、事故处理等环节,培养分析和解决化工单元操作中常见实际问题的能力。

以 3~4 位同学为小组,根据任务要求,查阅相关资料,制定并讲解操作计划,完成装置操作,分析和处理操作中遇到的异常情况,撰写实训报告。

任务一　吸收-解吸装置工艺技术规程

▶ 子任务 1　认识吸收-解吸装置 ◀

一、装置特点

气体的吸收与解吸装置是化工中常见的装置,在气体净化中常使用溶剂吸收有害气体,保证合格的原料气供给,在合成氨、石油化工原料气的净化过程中均有广泛应用。在合成氨脱硫、脱碳工段均采用溶剂吸收法脱除有害气体,溶剂吸收法吸收效率高,装置运行费用低廉。

本装置考虑学校实际需求状况,采用水-二氧化碳体系为吸收-解吸体系,进行实训装置设计。

二、装置组成

本实训装置主要由以下几个部分组成:吸收塔、解吸塔、原料配置单元、吸收单元、解吸单元、分析检测单元、水电系统和装置 DCS 操作平台。

1. 吸收塔

工业上完成吸收操作的设备统称为吸收塔,常见的有板式塔、填料塔两种。板式塔多用于精馏操作,填料塔多用于吸收操作,填料塔主要由塔体、填料及其附件(除沫装置、液体分布装置、气体分布装置、填料支承装置、填料压紧装置等)构成,如图8-1所示。

2. 吸收塔主要结构及作用

填料塔操作时,气体从塔底送入,经气体分布装置(小直径塔一般不设气体分布装置)分布后,在压差作用下自下而上与液体呈逆流连续通过填料层的空隙,而液体自塔上部进入,通过液体分布装置均匀喷洒在塔截面上,在重力作用下沿填料层向下流动。在填料表面,气、液两相密切接触进行质热传递。

吸收塔

(1) 塔体一般是 8~12 mm 的钢板构成,塔体即外壳。

(2) 填料是填料塔的核心,填料的流体力学和传质性能与填料的材质、大小和几何形状紧密相关。填料提供了气液接触面积,强化气体湍动,降低气相传质阻力,促进分散,更新液膜表面,降低液相传质阻力。

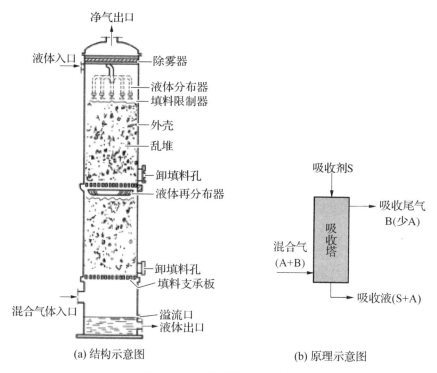

图 8-1 吸收塔结构示意图

（3）填料支承装置是支撑塔内填料及其持有的液体重量的,故支承装置要有足够的强度。同时为使气液顺利通过,支承装置的自由截面积应大于填料层的自由截面积,否则当气速增大时,填料塔的液泛将首先在支承装置发生。

（4）填料压紧装置可保持操作中填料床层高度恒定,防止在高压降、瞬时负荷波动等情况下填料床层发生松动和跳动。填料压紧装置应在填料装填后于其上方安装。

（5）液体分布装置为填料层提供足够数量并分布适当的喷淋点,以保证液体初始均匀地分布,设在塔顶。

（6）吸收过程中壁流将导致填料层内气液分布不均,使传质效率下降。液体收集及再分布装置可以减小壁流现象,可间隔一定高度在填料层内设置。

（7）气体出口既要保证气体流动畅通,又要清除气体中夹带的液体雾沫,因此常在液体分布器的上方安装除沫装置。

▶ 子任务 2　熟悉吸收-解吸工艺原理及过程 ◀

一、工艺原理

吸收-解吸是石油化工生产过程中较常用的重要单元操作过程。吸收过程是利用气体混合物中各个组分在液体（吸收剂）中的溶解度不同来分离气体混合物。在吸收操作中，能够溶解的组分称为吸收质或溶质，以 A 表示；不被吸收的组分称为惰性组分或载体，以 B 表示；吸收操作所用的溶剂称为吸收剂，以 S 表示；吸收所得到的溶液称为吸收液，其主要成分为溶剂 S 和溶质 A；吸收排出的气体称为吸收尾气，其主要成分是惰性气体 B 和残余的少量溶质 A。

溶解在吸收剂中的溶质和在气相中的溶质存在溶解平衡。当溶质在吸收剂中达到溶解平衡时，溶质在气相中的分压称为该组分在该吸收剂中的饱和蒸汽压。当溶质在气相中的分压大于该组分的饱和蒸汽压时，溶质就从气相溶入吸收剂，称为吸收过程。当溶质在气相中的分压小于该组分的饱和蒸汽压时，溶质就从液相逸出到气相，称为解吸过程。提高压力、降低温度有利于溶质吸收；降低压力、提高温度有利于溶质解吸。利用这一原理可以分离气体混合物，而吸收剂也可以重复使用。

二、工艺流程说明

二氧化碳钢瓶内二氧化碳经减压后与风机出口空气，按一定比例混合（通常控制混合气体中 CO_2 含量在 $5\% \sim 20\%$），经稳压罐稳定压力及气体成分混合均匀后进入吸收塔底部，混合气体在塔内和吸收液体逆向接触，气体中的二氧化碳被水吸收后，由塔顶排出。

吸收 CO_2 气体后的富液由吸收塔底部排出至富液槽，富液经富液泵送至解吸塔上部，与解吸空气在塔内逆向接触。富液中二氧化碳被解吸出来，解吸出气体由塔顶排出放空，解吸后的贫液由解吸塔下部排入贫液槽。贫液经贫液泵送至吸收塔上部循环使用，继续进行二氧化碳气体吸收操作。

吸收-解吸单元操作流程图如图 8-2 所示。

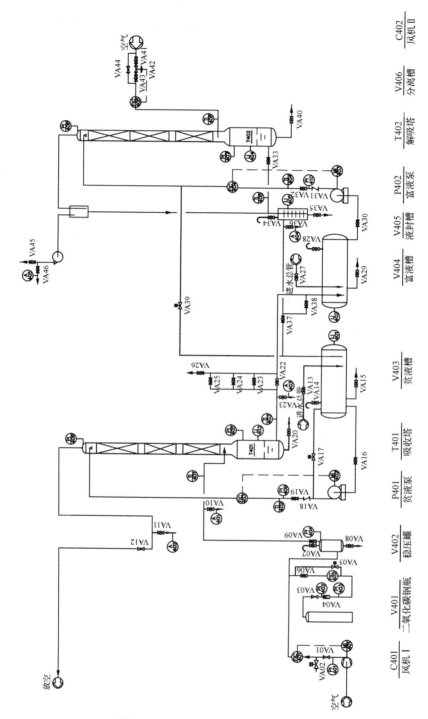

图 8-2　吸收-解吸单元操作流程图

▶ 子任务3 了解工艺参数及设备 ◀

一、主要工艺参数

吸收-解吸实训装置主要工艺参数见表8-1及表8-2。

表8-1 吸收-解吸实训装置主要工艺参数

序号	项目	单位	数值
1	二氧化碳钢瓶出口压力	MPa	≤4.8
2	减压阀后压力	MPa	≤0.04
3	二氧化碳减压阀后流量	L/h	100
4	吸收塔风机出口风量	m^3/h	2.0
5	吸收塔进气压力	kPa	2.0~6.0
6	贫液泵出口流量	m^3/h	1
7	解吸塔风机出口风量	m^3/h	16
8	解吸塔风机出口压力	kPa	1.0
9	富液泵出口流量	m^3/h	1
10	贫液槽液位	cm	15
11	富液槽液位	cm	15
12	吸收塔液位	cm	15
13	解吸塔液位	cm	15
14	吸收塔内压力	kPa	5.0

表8-2 吸收-解吸实训装置工艺参数考核指标

项目	贫液泵出口流量	吸收塔液位	解吸塔液位	贫液槽液位	富液槽液位	吸收塔内压力	风机Ⅰ出口流量
指标项	(1±0.5)m^3/h	(15±5)cm	(15±5)cm	(15±5)cm	(15±5)cm	(5±3)kPa	(2±1)m^3/h

二、主要设备

吸收-解吸实训装置主要设备说明见表8-3。

表8-3　主要设备说明

序号	设备类别	设备位号	设备名称	规格	备注
1	塔设备	T401	吸收塔	主体塔节,有机玻璃,ϕ100 mm×1 500 mm 上出口段,不锈钢,ϕ108 mm×150 mm 下部入口段,不锈钢,ϕ200 mm×500 mm	不锈钢规整丝网填料,高度1 500 mm
2		T402	解吸塔	主体塔节,有机玻璃,ϕ100 mm×1 500 mm 上出口段,不锈钢,ϕ108 mm×150 mm 下部入口段,不锈钢,ϕ200 mm×500 mm	不锈钢丝网填料,高度1 500 mm
3	动力设备	C401	风机Ⅰ	漩涡气泵 功率:0.12 kW 最大流量:21 m³/h 工作电压:380 V	HG-120-C 220 V(单相)
4		C402	风机Ⅱ	漩涡气泵 功率:0.75 kW 最大流量:110 m³/h 工作电压:380 V	HG-750-C 380 V(三相)
5		P401	贫液泵	不锈钢离心泵 扬程:14.6 m 流量:3.6 m³/h 供电:三相380 V,0.37 kW 泵壳材质:不锈钢 进口:G1又1/4,出口 G1	MS60/0.37 380 V(三相)
6		P402	富液泵	不锈钢离心泵 扬程:14.6 m 流量:3.6 m³/h 供电:三相380 V,0.37 kW 泵壳材质:不锈钢 进口:G1又1/4,出口 G1	MS60/0.37 380 V(三相)
7	罐	V402	稳压罐	ϕ300 mm×500 mm,35 L	立式
8		V403	贫液槽	ϕ426 mm×600 mm,85 L	卧式
9		V404	富液槽	ϕ426 mm×600 mm,85 L	卧式
10		V405	液封槽	ϕ102 mm×400 mm,3 L	立式
11		V406	分离槽	ϕ120 mm×200 mm,2 L	立式

 **思政园地**

洁净煤技术与绿色发展环保理念

随着煤炭资源的不断减少,合理利用现有煤炭资源问题变得更加突出,如何使煤炭资源得到最好的利用成为现在研究的主要问题。因此,洁净煤技术的开发利用显得更加重要,而在洁净煤技术里煤炭的直接液化则是其中的重要组成部分。

洁净煤技术又称清洁煤技术(clean coal technology, CCT),指在煤炭清洁利用过程中旨在减少污染排放与提高利用效率的燃烧、转化合成、污染控制、废物综合利用等先进技术(不包括开采部分)。

洁净煤技术按其生产和利用的过程,大致可分为三类。

第一类是燃烧前的煤炭加工和转化技术,包括煤炭的洗选和加工转化技术,如加工成型煤、水煤浆,煤炭液化,煤炭气化等。

第二类是煤炭燃烧技术,主要是洁净煤发电技术。目前,国家确定的主要是循环流化床燃烧、增压流化床燃烧、整体煤气化联合循环、超临界机组加脱硫脱硝装置。

第三类是燃烧后的烟气脱硫技术,主要有石灰石-石膏湿法脱硫、炉内喷钙法脱硫、喷雾干燥法脱硫、电子束法脱硫、氨法脱硫、尾部烟气脱硫、海水脱硫等多种。石灰石(石灰)-石膏湿法脱硫是目前世界上技术最为成熟、应用最多的脱硫工艺。

全球洁净煤技术的发展方向长期受各个国家洁净煤政策与行动计划的引导。总体上,全球洁净煤技术发展可以分成"减污染"与"碳减排"两个阶段。

20世纪90年代起,我国开始重视煤炭清洁高效利用,成立"国家洁净煤技术推广规划领导小组",并于1997年印发《中国洁净煤技术"九五"计划和2010年发展纲要》,这是最早的促进中国洁净煤技术发展的指导性文件。在"十一五"期间,洁净煤技术被列入国家高技术研究发展计划(863计划),成为能源技术领域主题之一。党的十八大以来,党中央高度重视煤炭清洁高效利用,陆续颁布《关于促进煤炭安全绿色开发和清洁高效利用的意见》《煤炭清洁高效利用行动计划(2015—2020年)》《能源技术革命创新行动计划(2016—2030年)》等一系列政策文件,具体给出了面向2030年煤炭开采和清洁利用等相关技术的发展路线图,煤炭清洁利用正式上升为国家能源发展战略。同时,煤炭清洁高效利用已被列入我国科技创新2030重大工程和项目。

积极发展先进的、颠覆性的煤炭转化与利用技术,大力推进面向2035的洁净煤技术创新,有利于提升我国煤炭企业和行业的科技竞争力,实现我国煤炭工业的高质量发展,形成引领世界的煤炭清洁高效转化与利用的新兴产业,推动我国构建绿色低碳、安全高效的现代能源体系,支撑能源革命和能源强国建设。

任务二　吸收−解吸装置岗位操作规程

一、开车前的准备工作

1. 对参与实训的人员进行安全培训：包括化学品的安全使用、紧急情况的处理等，确保每位操作人员都熟悉实训室的安全规范和操作规程。

2. 做好安全防护工作：要求实训人员穿着整洁的实训服，佩戴好安全帽、安全防护眼镜、手套等防护用品，以减少实训过程中可能发生的伤害。

3. 编制开车方案：组织讨论并汇报指导教师。

4. 做好开车前的组织安排（内外操）以及常用工具材料的准备工作。

5. 根据实训内容准备好所需的原料（气态混合物，尤其是二氧化碳钢瓶）、试剂（吸收剂：自来水）等，并确保其质量符合实训要求。

6. 确保水、电供应正常。

7. 对机泵进行检查，使之处于良好的备用状态。

8. 准备好操作记录单，以便在实验过程中记录实验数据和观察结果。

二、开车前的检查工作

1. 检查

（1）由相关操作人员组成装置检查小组，对本装置所有设备、管道、阀门、仪表、电气、照明、分析、保温等按工艺流程图要求和专业技术要求进行检查。

（2）检查所有仪表是否处于正常状态。

（3）检查所有设备是否处于正常状态。

2. 系统气密性试验

（1）气相管路：开启风机 C401、C402，关闭系统其他阀门，将风机出口风压调至正常操作压力，检查各风机管路焊接点和法兰、丝口连接处是否泄漏，保压 10 分钟，如系统压力不降，则气密性试验合格。

（2）液相管路：开启自来水管路阀门，将自来水接入各待检测设备内，加水至各设备放空管溢出为止，各液相管路内充满水。检查各管路、设备连接处及焊缝处，如无泄漏，则为合格。

3. 进行各单体设备试车

(1) 风机Ⅰ试车:检查风机电路系统,启动风机,进行风机出口风压和出口风量调节,观察风机运行的稳定性、流量、风压、风机电机温升等是否正常。

(2) 风机Ⅱ试车:检查风机电路系统,启动风机,进行风机出口风压和出口风量调节,观察风机运行的稳定性、流量、风压、风机电机温升等是否正常。

(3) 贫液泵(P401)试车:将贫液槽加水至1/2~2/3液位,检查泵电路系统,调节贫液泵出口管路阀门,启动贫液泵,进行泵出口压力及流量调节,观察泵运行的稳定性及流量、扬程等是否正常。泵出口水由吸收塔排污阀排出。

(4) 富液泵(P402)试车:将富液槽加水至1/2~2/3液位,检查泵电路系统,调节富液泵出口管路阀门,启动富液泵,进行泵出口压力及流量调节,观察泵运行的稳定性及流量、扬程等是否正常。泵出口水由解吸塔排污阀排出。

注意:试车过程中若发现不正常的声响或其他异常情况时,应停车检查原因,并消除后再试。

4. 试电

(1) 检查外部供电系统,确保控制柜上所有开关均处于关闭状态。

(2) 开启外部供电系统总电源开关。

(3) 打开控制柜上空气开关。

(4) 打开仪表电源空气开关、仪表电源开关。查看所有仪表是否上电,指示是否正常。

(5) 将各阀门顺时针旋转操作到关的状态。检查孔板流量计正压阀和负压阀是否均处于开启状态(实验中保持开启)。

5. 加装实训用水

(1) 开贫液槽 V403、富液槽 V404、吸收塔 T401、解吸塔 T402 的放空阀(VA14、VA28、VA12、VA45),关闭各设备排污阀(VA09、VA15、VA20、VA29、VA35、VA40)。

(2) 开贫液槽 V403 的进水阀 VA13,往贫液槽 V403 内加入清水至贫液槽液位1/2~2/3处,关进水阀 VA13;开富液槽 V404 进水阀 VA27,往富液槽 V404 内加入清水,至富液槽液位 1/2~2/3 处,关进水阀 VA27。

▶ 子任务2　吸收-解吸实训装置正常开车操作 ◀

一、开车操作

1. 液相开车

(1) 开启贫液泵进水阀 VA16,启动贫液泵 P401,开启贫液泵出口阀 VA19,往吸收塔 T401 送入吸收液,调节贫液泵出口流量为 1 m³/h,开启阀 VA22、阀 VA23,控制吸收塔(扩大段)液位在 1/3~2/3 处。

（2）开启富液泵进水阀 VA30,启动富液泵 P402,开启富液泵出口阀 VA32,调节富液泵出口流量为 0.5 m³/h,全开阀 VA33、阀 VA37。

（3）调节富液泵 P402、贫液泵 P401 出口流量趋于相等,控制富液槽 V404 和贫液槽 V403 液位处于 1/3～2/3 处,调节整个系统液位、流量稳定。

2. 气液联动开车

（1）启动风机 Ⅰ(C401),打开风机 Ⅰ 出口阀 VA01,打开稳压罐(V402)出口阀(VA08)向吸收塔(T401)供气,逐渐调整出口风量为 2 m³/h。

（2）调节二氧化碳钢瓶 V401 减压阀 VA04,控制减压阀 VA04 后压力小于 0.1 MPa,流量为 100 L/h。

（3）调节吸收塔顶放空阀 VA12,控制塔内压力在 0 kPa～7.0 kPa。

（4）根据实验选定的操作压力,选择相应的吸收塔排液阀(VA22、VA23、VA24、VA25),稳定吸收塔 T401 液位在可视范围内。

（5）吸收塔气液相开车稳定后,进入解吸塔气相开车阶段。启动风机 Ⅱ(C402),打开解吸塔气体调节阀(VA41、VA42、VA43),调节气体流量在 4 m³/h,缓慢开启风机 Ⅱ(C402)出口阀 VA45,调节塔釜压力在 -7.0 kPa～0 kPa,稳定解吸塔 T402 液位在可视范围内。

（6）系统稳定半小时后,进行吸收塔进口气相采样分析、吸收塔出口气相采样分析、解吸塔出口气相组分分析,视分析结果,进行系统调整,控制吸收塔出口气相产品质量。

（7）视实训要求可重复测定几组数据进行对比分析。

二、开车操作要点

1. 稳定液位:安全生产,控制好吸收塔和解吸塔液位,富液槽液封操作,严防气体窜入贫液槽和富液槽;严防液体进入风机 Ⅰ 和风机 Ⅱ。

2. 保证吸收效果:符合净化气质量指标前提下,分析有关参数变化,适当对吸收液、解吸液、解析空气流量进行调整,保证吸收效果。

3. 液位补充:注意系统吸收液量,定时往系统补入吸收液。

4. 压力稳定:注意吸收塔进气流量及压力稳定,随时调节二氧化碳流量和压力至稳定值。

5. 防止吸收液跑、冒、滴、漏。

6. 注意泵密封与泄漏,注意塔、槽液位和泵出口压力变化,避免产生汽蚀。

7. 经常检查设备运行情况,如发现异常现象应及时处理或通知指导老师处理。

8. 整个系统采用气相色谱在线分析。

三、正常运行

1. 监视各控制参数是否稳定,当吸收尾气二氧化碳浓度稳定时,记录相关参数值(见表 8-4)。

表 8-4　吸收-解吸操作数据记录表

工艺参数	记录项目	1	2	3	4	5
装置编号：　　　　　日期：　　　　　班级：第　　组						
操作人员：　　　　　　　　　　　　　记录人员：						
工艺参数	时间/min					
流量 $F/(m^3 \cdot h^{-1})$	贫液泵出口流量					
	富液泵出口流量					
	风机 I 出口流量					
	解吸塔进塔气相流量					
液位 L/mm	贫液槽液位					
	富液槽液位					
	吸收塔液位					
	解吸塔液位					
温度 $T/℃$	贫液泵出口温度					
	吸收塔出塔液相温度					
	吸收塔进塔气相温度					
	吸收塔出塔气相温度					
	富液泵出口温度					
	解吸塔出塔液相温度					
压力 P/kPa	吸收塔底气相压力					
	吸收塔顶气相压力					
	解吸塔底气相压力					
	解吸塔顶气相压力					
异常现象记录						

2. 其他参数不变,仅改变吸收剂流量(在 2.0~4.0 m^3/h 内任意设定),观察吸收尾气二氧化碳浓度变化趋势。当吸收尾气二氧化碳浓度稳定时,记录相关参数值并计算吸收率。

3. 其他参数不变,仅改变解吸惰性气体流量(在 7~10 m^3/h 内任意设定),观察吸收尾气二氧化碳浓度变化趋势。当吸收尾气二氧化碳浓度稳定时,记录相关参数值并计算吸收率。

▶ 子任务 3　吸收-解吸实训装置停车操作 ◀

一、停车准备工作

1. 装置停车要做到安全、稳定、文明、卫生，做到团队协作、统一指挥，各岗位密切配合。

2. 停车要做到：不超温，不超压，不冒罐，不水击损坏设备，设备管线内不存物料，降量不出次品，不拖延时间停车。

3. 组员熟悉停车方案安排、工作计划以及岗位间的衔接。

4. 准备好停车期间的使用工具。

5. 准备好将吸收剂返回至贫液槽。

6. 关好水电、仪器设备，确保设备回到初始开车状态。

二、停车操作要点

1. 停混合气体：关闭二氧化碳进料及压缩空气进料量。

2. 停泵设备：注意关泵顺序，保护电机。

3. 停风机：注意风机关闭顺序。

4. 执行 HSE 有关规定，文明操作。

三、装置停车操作

1. 关二氧化碳钢瓶出口阀门。

2. 关贫液泵出口阀 VA19，停贫液泵 P401。

3. 关富液泵出口阀 VA32，停富液泵 P402。

4. 停风机Ⅰ C401。

5. 停风机Ⅱ C402。

6. 将两塔(T401、T402)内残液排入污水处理系统。

7. 检查停车后各设备、阀门、仪表状况。

8. 切断装置电源，做好操作记录。

9. 安全文明操作，场地清理。

任务三 吸收-解吸实训装置常见事故处理

1. 进吸收塔混合气中二氧化碳浓度波动大

在吸收-解吸正常操作中,教师给出隐蔽指令,改变吸收质中的二氧化碳流量,学生通过观察浓度、流量和液位等参数的变化情况,分析引起系统异常的原因并进行处理,使系统恢复正常操作状态。

2. 吸收塔压力维持不住(无压力)

在吸收-解吸正常操作中,教师给出隐蔽指令,改变吸收塔放空阀工作状态,学生通过观察浓度、流量和液位等参数的变化情况,分析引起系统异常的原因并进行处理,使系统恢复正常操作状态。

3. 进吸收塔混合气中二氧化碳浓度波动大

在吸收-解吸正常操作中,教师给出隐蔽指令,改变吸收质中的空气流量,学生通过观察浓度、流量和液位等参数的变化情况,分析引起系统异常的原因并进行处理,使系统恢复正常操作状态。

4. 解吸塔发生液泛

在吸收-解吸正常操作中,教师给出隐蔽指令,改变风机Ⅱ出口空气流量,学生通过观察解吸塔浓度、流量和液位等参数的变化情况,分析引起系统异常的原因并进行处理,使系统恢复正常操作状态。

5. 吸收塔液相出口量减少

在吸收-解吸正常操作中,教师给出隐蔽指令,改变贫液泵吸收剂的流量,学生通过观察吸收塔浓度、流量和液位等参数的变化情况,分析引起系统异常的原因并进行处理,使系统恢复正常操作状态。

6. 富液槽液位抽空

在吸收-解吸正常操作中,教师给出隐蔽指令,改变贫液槽放空阀的工作状态,学生通过观察解吸塔浓度、流量和液位等参数的变化情况,分析引起系统异常的原因并进行处理,使系统恢复正常操作状态。

拓展提升

催化裂化工艺中吸收-稳定系统操作要点

吸收-稳定系统主要是由吸收脱吸塔、稳定塔、富气压缩机及一些换热设备组成。主要的任务是将粗汽油和富气通过吸收脱吸塔分离,塔顶得到干气(C_1、C_2),塔底得到脱乙烷汽油,之后脱乙烷汽油进入稳定塔分离成液化气(C_3、C_4)和稳定汽油。针对吸收脱吸系统单塔流程的操作,吸收过度将增加解吸负荷,解吸过度又会增加吸收负荷,最终造成分离效果恶化。目前主要存在干气中携带 C_3+组分和液化气中 C_5+组分含量高等问题。

吸收-稳定系统流程图见图 8-3。

1. 吸收塔

吸收脱吸塔的操作集合了双塔(吸收塔、解吸塔)的操作,吸收和解吸操作相互影响。要从吸收和解吸整体分离效果来考虑控制各自的操作条件,最终找到均衡的操作条件很难,所以在吸收脱吸单塔的操作中主要还是以吸收操作为主。影响吸收脱吸塔效果的操作因素主要有操作温度、压力、液气比等,降低温度对吸收有利,吸收塔的温度受富气、吸收油、补充吸收油进塔温度和流量大小等因素的影响。而解吸的主要操作要求是控制好解吸温度,即塔底再沸器的油气返塔温度和塔顶温度。液气比指吸收剂量(包括粗汽油和补充吸收油)与进塔富气量之比,加大液气比可以提高吸收率。富气量一定时,液气比的大小取决于吸收剂量的多少。

2. 稳定塔

对于稳定塔操作,影响分离精度的主要因素是回流比,在塔底再沸器热源充足和塔顶冷凝液负荷允许的情况下,塔顶回流越大,分离效果越好。但回流过大,将增加塔底再沸器加热负荷和塔盘的气液相负荷,一旦塔盘气、液相负荷超标后,将出现液泛或雾沫夹带,产品分割度变差。所以稳定塔操作需要根据进料组成、流量的变化及时调整塔顶回流量,塔顶温度作为液态烃 C_5 含量控制的关键指标,塔底再沸器出口温度作为稳定汽油10%馏出温度控制的关键指标。

在吸收脱吸系统中,吸收效果的好坏不仅影响了液化气产率的大小,而且干气量的变化也制约了稳定塔的操作。所以在正常操作过程中通过提高吸收脱吸塔压力、增加含较少 C_3~C_4 组分的补充吸收剂量和降低塔顶温度等措施来提高吸收效果,使干气变干,液化气的回收率更高,经济效益更好。

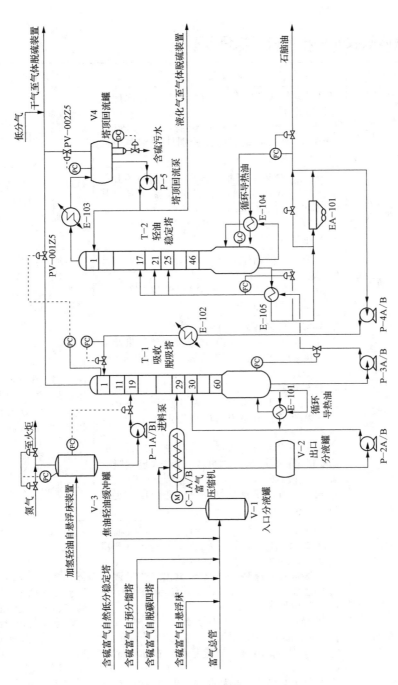

图 8-3 吸收-稳定系统流程简图

实训考评

一、气体吸收开停车项目考核评分

考核内容	考核项目	评分要素	评分标准	配分
开车准备（10分）	主要设备仪表识别	① 3位操作人员依据角色分配,自行进入操作岗位(1分) ② 外操到指定地点拿标识牌:T401、P401、V403、V404、V405、液位计分别挂牌到对应的设备及仪表上(5分)	每挂错1个牌扣1分,无汇报扣1分	6分
	阀门标示牌标识	① 按工艺流程,班长检查开车前各阀门的开关状态,找出3处错误的阀门开关状态,并挂红牌标识,并将错误的阀门进行更正(3分) ② 主操启动总电源,打开仪表电源,开机进入DCS界面(1分)	每挂错1个牌或少挂一个扣1分,每少汇报1次或汇报错误扣1分	4分
液相开车（45分）	储槽注水	① 外操向贫液槽注水,至贫液槽液位1/2~2/3处,关进水阀(2分) ② 外操向富液槽注水,至富液槽液位1/2~2/3处,关进水阀(2分)	原料加入量不在指定范围内扣2分,每少汇报1次或汇报错误扣1分	4分
	吸收塔进料	① 外操开启贫液泵进口阀(1分) ② 主操启动贫液泵,调节贫液泵出口流量调节阀开度为50%左右,控制其流量在0.8~1.5 m³/h(2分) ③ 外操观察贫液泵出口压力表指针变动,开启贫液泵出口阀,往吸收塔送入吸收液(2分) ④ 主操调节贫液泵出口流量稳定在1.0 m³/h(2分) ⑤ 外操开启吸收塔排液阀(共四个阀门,一般选择最下面两个),液体进入富液槽,控制吸收塔(扩大段)液位在1/3~2/3处(4分) ⑥ 班长检查储槽及吸收塔液位是否在指定范围内(2分)	每开错1个阀门扣1分,贮水量、流量调节、塔液位不在指定范围内分别扣2分,未检查液位扣2分,液位超限而未调节记0分,泵启动错误扣2分,每少汇报1次或汇报错误扣1分	13分
	解吸塔进料	① 外操观察吸收塔(扩大段)液位及富液槽液位,当液位超过上限(液位2/3处),准备打开富液槽出口阀(2分) ② 主操启动富液泵,调节富液泵出口流量调节阀开度为50%左右,控制其流量在0.8~1.5 m³/h(2分) ③ 外操观察富液泵出口压力表指针变动,开启富液泵出口阀,往解吸塔送入富液(2分) ④ 主操调节富液泵出口流量稳定在1.0 m³/h(2分) ⑤ 外操开启解吸塔排液阀,打开液封槽放空阀进行液封槽排空(观察有液体排出结束放空),打开液封槽排液阀,解吸液进入贫液槽,控制解吸塔(扩大段)液位在1/3~2/3处(5分) ⑥ 班长检查储槽及解吸塔液位是否在指定范围内(2分)	每开错1个阀门扣1分,贮水量、流量调节、塔液位不在指定范围内分别扣2分,未检查液位扣2分,液位超限而未调节记0分,泵启动错误扣2分,每少汇报1次或汇报错误扣1分	15分

考核内容	考核项目	评分要素	评分标准	配分
液相开车 (45分)	液相循环稳定	① 外操时刻关注贫液槽、富液槽液位,使其维持在1/2~2/3处,适当调整吸收塔及解吸塔的排液阀、富液槽出口阀,保证吸收塔、解吸塔(扩大段)液位在1/3~2/3处(5分) ② 主操调节富液泵、贫液泵出口流量至趋于相等(5分) ③ 班长检查液相操作的系统液位、流量的稳定性(3分)	系统在120分钟内达到液相操作的稳定,每延迟5分钟扣4分,扣完为止;液位不足注水扣5分	13分
液相停车 (15分)	停贫液系统	① 外操关闭贫液泵出口阀(1分) ② 主操关闭贫液泵流量调节阀,关闭贫液泵(2分) ③ 外操关闭贫液槽出口阀、贫液槽放空阀、吸收塔排液阀(2分)	每开错1个阀门扣1分,每少汇报1次或汇报错误扣1分	5分
	停富液系统	① 外操关闭富液泵出口阀(1分) ② 主操关闭富液泵流量调节阀,关闭富液泵(2分) ③ 外操关闭富液槽出口阀,关闭富液槽放空阀、解吸塔排液阀、液封槽排液阀(2分)		5分
	排污处理	① 外操开启吸收塔、解吸塔的排污阀排放塔内的水,关闭吸收塔、解吸塔的放空阀(3分) ② 主操依次关闭DCS界面工艺流程(1分) ③ 主操退出DCS界面,关闭仪表、计算机电源(1分)		5分
实训报表 (10分)	实训数据处理	① 在动设备未启动前班长根据实训操作报表准确记录实训基础数据(5分) ② 在进行吸收-解吸液相操作后,班长每5 min记录一次数据,共记录4组数据(5分)	记录错误1处或者少记录1处扣1分	10分
职业素养 (20分)	行为规范	① 着装符合职业要求(2分) ② 操作环境整洁、有序(2分) ③ 文明礼貌,服从安排(2分) ④ 操作过程节能、环保(2分)	每违反1项行为规范、安全操作、敬业意识从总分中扣除2分	8分
	安全操作	① 阀门的正确操作与使用(2分) ② 水安全使用及电安全操作(2分) ③ 设备、工具安全操作与使用(2分)		6分
	敬业意识	① 创新和团队协作精神(2分) ② 认真细致、严谨求实(2分) ③ 遵守规章制度,热爱岗位(2分)		6分
考核分数				
评分人			核分人	

二、实训报告要求

1. 认真、如实填写实训操作记录表。

2. 总结气体吸收操作要点。

3. 提出提高吸收-解吸速率的操作建议。

三、实训问题思考

1. 提高吸收-解吸速率的方法有哪些？

2. 如何做到安全、有效地进行吸收-解吸操作？

3. 吸收岗位的操作是在低温、高压的条件下进行的，为什么这样的操作条件对吸收过程有利？

4. 工业上常用的吸收流程有哪些？

5. 吸收-解吸过程中如何做到节能、环保？

项目九

萃取单元操作实训

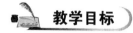 **教学目标**

素质目标	1. 具有吃苦耐劳、爱岗敬业、严谨细致的职业素养 2. 服从管理、乐于奉献、有责任心，有较强的团队精神 3. 具有良好的产品质量、安全操作、节能环保意识 4. 具有较强的沟通能力与语言表达能力 5. 具有勇于面对困难，并寻求创新突破的能力
知识目标	1. 了解萃取在化工生产中的作用和定位、发展趋势及新技术应用 2. 掌握萃取工艺过程的原理 3. 熟悉萃取单元实训操作要点 4. 了解萃取操作的影响因素 5. 熟悉萃取实训装置的特点及设备、仪表标识 6. 掌握萃取实训装置的开车操作、停车操作的方法及考核评价标准
技能目标	1. 能讲述萃取实训装置的工艺流程 2. 能识读和绘制工艺流程图，能识别常见设备的图形标识 3. 会进行计算机 DCS 控制系统的台面操作 4. 会进行萃取装置开车、停车操作 5. 会监控装置正常运行的工艺参数及记录数据表，并进一步分析影响萃取效果的因素 6. 通过 DCS 操作界面及现场异常现象，能及时判断异常状况 7. 会分析发生异常工况的原因，对异常工况进行处理

实训任务

通过萃取实训装置内外操协作，懂得萃取的工艺流程与原理，掌握实训装置的 DCS 操作并对异常工况进行分析与处理。本项目所针对的工作内容主要是对萃取实训装置的操作与控制，具体包括：萃取工艺流程、工艺参数的调节、开车和停车操作、事故处理等环节，培养分析和解决化工单元操作中常见实际问题的能力。

以 3～4 位同学为小组，根据任务要求，查阅相关资料，制定并讲解操作计划，完成装置操作，分析和处理操作中遇到的异常情况，撰写实训报告。

任务一 萃取装置工艺技术规程

▶ 子任务 1 认识萃取装置 ◀

一、装置特点

萃取是利用混合物中各组分在外加溶剂中溶解度存在差异而实现分离的单元操作。液-液萃取是工业生产中一种常见的分离液态混合物的分离方法,利用萃取分离液态混合物分离效率高,运行费用低廉,能取得良好的工业效果。因此,液液萃取装置是化工领域中的常见装置,在无机化工、石油化工、医药化工、食品化工等行业中均有广泛应用。

考虑教学实际状况及实验原料的安全环保性,本萃取实训装置采用水、煤油-苯甲酸钠溶液为萃取体系,进行萃取实训操作。

二、装置组成

本实训装置主要有以下部分组成:原料配制单元、萃取单元、分析检测单元、水电系统和装置 DCS 操作平台。

▶ 子任务 2 熟悉萃取工艺原理及过程 ◀

一、工艺原理

液-液萃取,又称溶剂萃取,亦称抽提(通常用于石油炼制工业),是用选定的溶剂分离液体混合物中某种组分,所用溶剂必须与被萃取的混合物液体不相容。萃取操作示意图如图 9-1 所示。

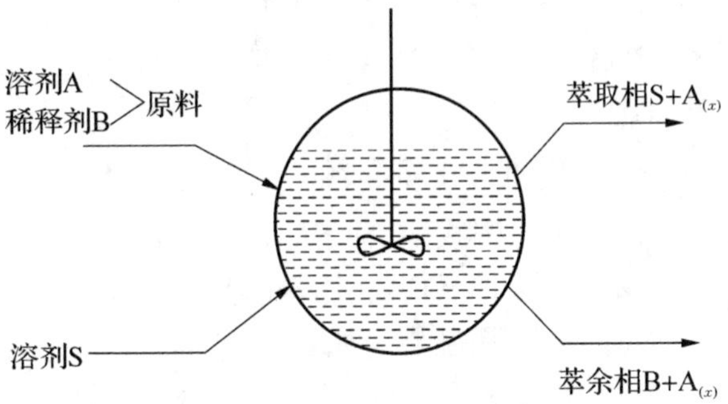

图 9-1 萃取操作示意图

1. 名词解释

(1)原溶液:欲分离的原料溶液称为原溶液。原溶液中欲萃取组分称为溶质 A,其余称为稀释剂 B。

(2)溶剂 S:为萃取 A 而加入的溶剂,也称萃取剂。

（3）萃取相：原溶剂和稀释剂混合萃取后，分成两相，含溶剂 S 较多的一相为萃取相。

（4）萃余相：主要含稀释剂的一相，称为萃余相。

（5）萃取液：萃取相脱溶剂后的溶液，称为萃取液。

（6）萃余液：萃余相脱溶剂后的溶液，称为萃余液。

2. 萃取条件

（1）两个接触的液相完全不互溶或部分互溶。

（2）溶质组分和稀释剂在两相中分配比不同。

（3）两相接触混合和分相。

（4）溶剂 S 对 A 和 B 的溶解能力不一样，溶剂具有选择性，即

$$\frac{y_A}{y_B} > \frac{x_A}{x_B}$$

式中：y 表示萃取相内组分浓度；x 表示萃余相内组分浓度。

上式表明，萃取相中 A 和 B 的浓度比值应大于萃余相中 A 和 B 的浓度比值。

3. 典型工业萃取过程

（1）以醋酸乙酯为溶剂萃取稀醋酸水溶液中的醋酸，制取无水醋酸。由于萃取相中含有水，萃余相中含有醋酸乙酯，所以萃取后产品和溶剂均须通过精馏分离实现。

（2）以醋酸丁酯为溶剂萃取青霉素产品。

（3）以环砜为溶剂从石油轻馏分中提取环烃。

（4）以轻油为溶剂从废水中脱酚。

（5）以丙烷为溶剂从植物油中提取维生素。

4. 萃取过程的经济性

（1）混合物的相对挥发度下或形成恒沸物，用一般精馏方法不能分离或很不经济。

（2）混合物浓度很稀，采用精馏方法必须将大量稀释剂 B 气化，能耗过大。

（3）混合液含热敏性物质（如药物等），采用萃取方法精制可避免物料受热被破坏。

5. 萃取过程对萃取剂要求

选择性好，萃取容量大，化学稳定性好，分相好，易于反萃取或精馏分离，操作安全、经济、毒性小。

6. 常用的工业萃取剂

（1）醇类：异戊醇、仲辛醇、取代伯醇。

（2）醚类：二异丙醚、乙基己基醚。

（3）酮类：甲基异丁基酮、环己酮。

（4）酯类：乙酸乙酯、乙酸戊酯、乙酸丁酯。

（5）磷酸酯类：己基磷酸二（2-乙基己基）酯、二辛基磷酸辛酯、磷酸三丁酯。

（6）亚砜类：二辛基亚砜、二苯基亚砜、烃基亚砜。

（7）羧酸类：肉桂酸、脂肪酸、月桂酸、环烷酸。

（8）磺酸类：十二烷基苯磺酸、三壬基萘磺酸。

（9）有机胺类：三烷基甲胺、二癸胺、三辛胺、三壬胺等。

7. 典型的萃取流程

（1）单级萃取流程

单级萃取过程即将一定量的溶剂加入料液中充分混合，一定时间后体系分成两相，分别为萃取相和萃余相，然后将它们分离，即完成一次单级萃取过程。单级萃取流程简单，过程为一次平衡，故分离程度不高，只适用于溶质在萃取剂中的溶解度很大或溶质萃取率要求不高的场合。具体流程如图9-2所示。

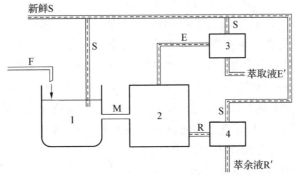

F—原料液；S—萃取剂；E—萃取相；R—萃余相；S—萃取剂；1—混合器；2—分层器；3、4—分离器。

图9-2　单级萃取流程图

（2）多级错流萃取流程

多级错流萃取流程相当于多个单级萃取的组合。该流程可使液相混合物得到较大程度的分离，但溶剂消耗量较大，萃取剂的利用不够合理；只适用于分离要求不高、所需级数较少的情况。

（3）多级逆流萃取流程

多级逆流萃取流程指由溶质 A 和稀释剂 B 组成的原料液从第一级进入，逐级流过系统，最终萃余相 R 从第 N 级流出；新鲜萃取剂从第 N 级进入，与原料液逆流，逐级与料液接触，在每一级中两液相充分接触进行传质，最终的萃取相 E 从第一级流出。萃取相与萃余相分别送入回收装置中回收萃取剂 S。具体流程如图9-3所示。多级逆流萃取一般采用连续操作，可以在萃取剂用量较小的条件下获得比较高的萃取率，分离效率高，溶剂用量少，故在工业中得到了广泛应用。

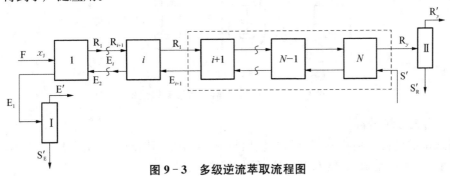

图9-3　多级逆流萃取流程图

8. 典型的萃取设备

(1) 混合-澄清槽

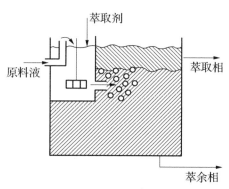

图 9 - 4　混合-澄清槽

混合-澄清槽是最早使用、目前仍然广泛用于工业生产的一种典型逐级接触式萃取设备，由混合槽和澄清槽两部分组成(图 9 - 4)。在混合器中，原料液与萃取剂借助搅拌装置的作用使其中一相破碎成液滴而分散于另一相中，以加大相际接触面积并提高传质速率。两相分散体系在混合器内停留一定时间后流入澄清器。在澄清器中，轻、重两相依靠密度差进行重力沉降(或升浮)，并在界面张力的作用下凝聚分层，形成萃取相和萃余相。它可单级操作，也可多级串联操作。

优点：传质效率高；操作方便灵活；结构简单；易于开、停工；不致损害成品的质量；易实现多级连续操作；便于调整级数，两液相的流量之比可在较大范围内变化。

缺点：占地面积大，且级与级之间通常要用泵来输送两种液体之一，故动力消耗大；设备内的存液量大，设备投资和操作费用均较高。

(2) 三级逆流混合-澄清萃取设备

三级逆流混合-澄清萃取设备利用不同物质在溶液中的分配系数差异，通过多次反复抽取和回萃操作，使目标物质从混合物中逐渐富集到所需纯度。该设备通常包括混合区和澄清区，利用螺旋柱在行星运动时产生的多维离心力场，使互不相溶的两相不断混合，并通过恒流泵连续输入另一相(流动相)，从而实现目标溶质在不同液相间的传质与分离。

在混合区内，料液和萃取剂通过搅拌系统充分混合，使溶质在两相间反复分配。随后，混合液进入澄清区，在重力的作用下，密度不同的物料逐步分离，密度大的物料沉降至澄清室底部，而密度小的物料则位于上部，最后通过各自出口排出。通过三级逆流的方式，目标物质在多次混合和澄清过程中逐渐被提纯，如图 9 - 5 所示。

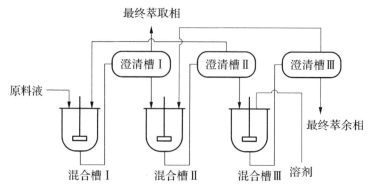

图 9 - 5　三级逆流混合-澄清萃取设备

(3) 塔式接触设备

塔式接触设备包括喷淋塔、板式塔、填料塔、脉动塔、转盘塔。如图 9 - 6 所示，依次为喷洒萃取塔、填料萃取塔、转盘萃取塔、筛板萃取塔。

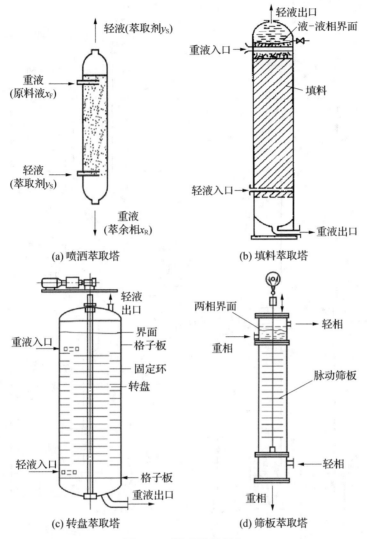

(a) 喷洒萃取塔　　　　　(b) 填料萃取塔

(c) 转盘萃取塔　　　　　(d) 筛板萃取塔

图 9-6　塔式接触设备

二、工艺流程说明

　　萃取单元实训装置流程如图 9-7 所示。向轻相储槽 V203 加入约 1% 苯甲酸钠-煤油溶液至 1/2~2/3 液位,向重相储槽 V205 加入清水至 1/2~2/3 液位,启动重相泵 P202 将清水由上部加入萃取塔内,形成并维持萃取剂循环状态。启动轻相泵(P201)将苯甲酸-煤油溶液由下部加入萃取塔,通过控制合适的塔底重相(萃取相)采出流量(24~40 L/h),维持塔顶轻相液位在视盅低端 1/3 处左右,启动高压气泵向萃取塔内加入空气,增大轻-重两相接触面积,加快轻-重相传质速度。系统稳定后,在轻相出口和重相出口处,取样分析苯甲酸含量,经过萃余分相罐 V206 分离后,轻相采出至萃余相储槽 V202,重相采出至萃取相储槽 V204。改变空气量和轻、重相的进出口物料流量,取样分析,比较不同操作条件下的萃取效果。

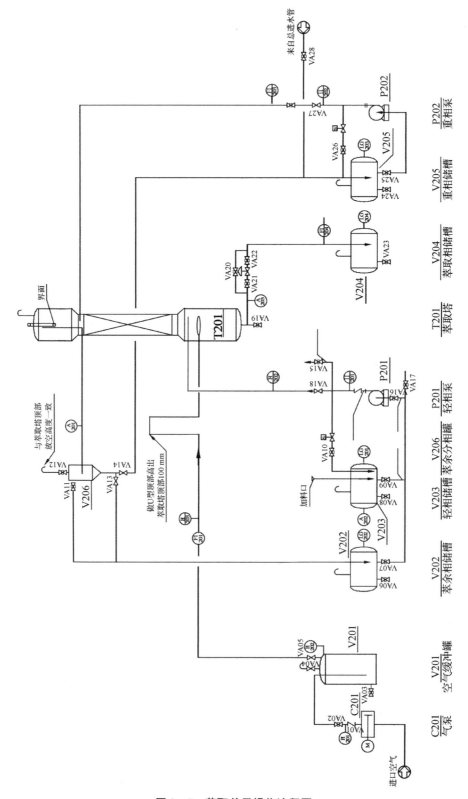

图 9-7　萃取单元操作流程图

▶ 子任务 3 了解工艺参数及设备 ◀

一、主要工艺参数

萃取实训装置主要工艺参数见表 9 - 1。

表 9 - 1 萃取实训装置主要工艺参数

序号	项目	单位	数值
1	轻相泵出口温度	℃	室温
2	重相泵出口温度	℃	室温
3	萃取塔进口空气流量	L/h	10～50
4	轻相泵出口流量	L/h	20～50
5	重相泵出口流量	L/h	20～50
6	气泵出口压力	MPa	0.01～0.02
7	空气缓冲罐压力	MPa	0～0.02
8	空气管道压力控制	MPa	0.01～0.03

二、主要设备

萃取实训装置主要设备见表 9 - 2。

表 9 - 2 萃取实训装置主要设备说明

序号	设备位号	设备名称	规格
1	V201	空气缓冲罐	不锈钢,ϕ300 mm×200 mm
2	V202	萃余相储槽	不锈钢,ϕ400 mm×600 mm
3	V203	轻相储槽	不锈钢,ϕ400 mm×600 mm
4	V204	萃取相储槽	不锈钢,ϕ400 mm×600 mm
5	V205	重相储槽	不锈钢,ϕ400 mm×600 mm
6	V206	萃余分相罐	玻璃,ϕ125 mm×320 mm
7	P201	轻相泵	计量泵,60 L/h
8	P202	重相泵	计量泵,60 L/h
9	T201	萃取塔	玻璃主体,硬质玻璃,ϕ125 mm×1 200 mm;上、下扩大段,不锈钢,ϕ200 mm×200 mm;填料为不锈钢规整填料
10	C201	气泵	小型压缩机

 **思政园地**

用一株小草改变世界

它被称为"20世纪下半叶最伟大的医学创举",没有它,地球上每年将增加数百万亡魂。由于它是如此重要,有人称其为"中国神药"。它就是青蒿素类抗疟药,中国人研制成功的全球唯一的治疗疟疾特效药。

由带疟原虫的蚊子传播的疟疾是世界上最严重的传染病之一,直到今天全球仍有20亿人生活在疟疾高发地区——非洲,东南亚,南亚和南美。每年大约有2亿人被感染,100多万人因此丧命,主要是孕妇和5岁以下儿童。撒哈拉以南非洲,疟疾是孩子和孕妇的第一杀手,非洲国家40%的医疗经费都用于防治这种由蚊子传播的可怕疾病。目前治疗疟疾的最有效的药物之一就是中国在20世纪70年代研制的青蒿素,这也是新中国成立后中国医药界最重要的成果之一。

"523项目"带来的希望

或许会让人感到不可思议的是,青蒿素的故事源自援越抗美战争时期。当年在越南战争的战场上,由于疟疾的流行,作战双方士兵纷纷感染疟疾,严重地影响了部队战斗力。抗氯喹的恶性疟原虫的出现更成为当时疟疾防治的主要难题,这也促使了作战双方政府在新抗疟药物的研发上大量投入。美方的努力促成了甲氟喹的发现。数据显示,使用单剂量的甲氟喹就能治愈感染氯喹抗性疟原虫的患者。然而,由于当时的越南民主共和国政府缺乏相应的研究机构和科研条件,他们只能转而求助于中国。

1967年5月23日,在毛泽东主席和周恩来总理的指示下,来自全国各地的科研人员聚集北京,就疟疾防治药物和抗药性研究工作召开了一个协作会议;一项具有国家机密性质、代号为"523项目"的计划就此启动。项目短期的目标是要尽快研制出能在战场上有效控制疟疾的药物,而它的长远目标是通过筛选合成化合物和中草药药方与民间疗法研发出新的抗疟药物。1969年1月,屠呦呦临危受命,被任命为北京中药研究所523课题组的组长,领导对传统中医药文献和配方的搜寻与整理。

从古代药方到现代药物

通过翻阅历代本草医籍,四处走访老中医,甚至连群众来信都没放过,屠呦呦及她的课题组成员终于在2000多种药方中整理出一张含有640多种草药(包括青蒿在内)的《抗疟单验方集》。可在最初的动物实验中,青蒿的效果并不出彩,屠呦呦的寻找也一度陷入僵局。通过翻阅古代文献,特别是东晋名医葛洪的著作《肘后备急方》中的"青蒿一握,以水二升渍,绞取汁,尽服之",她意识到常用煎熬和高温提取的方法可能破坏了青蒿的有效成分。不出所料,改用乙醚低温提取后,研究人员如愿获得了抗疟效果更好的青蒿提取物,并在此基础上,研发出了相关的青蒿素衍生物。1981年10月,屠呦呦在北京代表"523项目"首次向到访的世界卫生组织研究人员汇报了青蒿素治疗疟疾的成果。青蒿素及其衍生药物在中国治愈了成千上万名感染了疟原虫的患者,并引起了世界广泛的关注。2005年,世界卫生组织宣布采用青蒿素综合疗法的策略。2011年,中国科学家屠呦呦被授予拉斯克奖(号称诺贝尔奖的风向标),以表彰她在青蒿素的发现及其应用于治疗疟疾方面所做出的杰出贡献。

纵观青蒿素的发现过程以及屠呦呦本身的个人经历,不难发现对科学研究的热情与执着以及孜孜不倦的钻研精神是通向成功的重要阶梯。屠呦呦小时候就对中药有了深刻印象,这促使她后来去探索其中的奥秘。考大学时,屠呦呦选择药物学专业为第一志愿。她认为药物是治疗疾病的主要手段与工具。1951年,屠呦呦如愿考入北京大学医学院药学系,所选专业正是当时一般人缺乏兴趣的生药学。她觉得生药专业最可能接近、探索具有悠久历史的中医药领域,符合自己的志趣和理想。正是这份发自内心的探索精神促使她踏上了青蒿素的研究之旅。在探索的道路上她也经受过失败的打击和一筹莫展的迷茫,当时的实验条件也十分艰苦,然而面对挫折,她并没有止步不前,而是迎难而上,不懈努力,最终获得令世界瞩目的成就。这也是我们在为青蒿素的发现感到欢欣鼓舞之余,更应该得到的启示。"我想这个荣誉不仅仅属于我个人,也属于我们中国科学家群体,"屠呦呦如是说。在颁奖典礼上,她特别感谢在此项研究中做出重要贡献的同事们。因此,团队精神也是屠呦呦与她的研发小组给我们的启迪。一个药物的研发,或者说一项科研工作的发展所依靠的并不是单个人的才学,而是集体的智慧。

任务二　萃取装置岗位操作规程

▶ 子任务 1　萃取实训装置开车前的准备与检查 ◀

一、开车前的准备工作

1. 对参与实训的人员进行安全培训,使其了解整个萃取单元实训装置的工艺流程,熟悉操作规程和安全注意事项。

2. 做好安全防护工作:要求实训人员穿着整洁的实训服,佩戴好安全帽、安全防护眼镜、手套等防护用品,以减少实训过程中可能发生的伤害。

3. 编制开车方案:组织讨论并汇报指导教师。

4. 做好开车前的组织安排(内外操)以及常用工具材料的准备工作。

5. 根据实训内容准备好煤油和苯甲酸钠溶液,并确保其质量符合实训要求。

6. 确保公用工程(如水、电)已引入并处于正常状态。

7. 对机泵、仪表、阀门进行检查,使之处于良好的备用状态。

8. 准备好操作记录单,以便在实验过程中记录实验数据和观察结果。

二、开车前的检查工作

1. 检查

(1) 由相关操作人员组成装置检查小组,对本装置所有设备、管道、阀门、仪表、电气、分析等按工艺流程图要求和专业技术要求进行检查。

(2) 检查所有仪表是否处于正常状态。

(3) 检查所有设备是否处于正常状态。

2. 试电

(1) 检查外部供电系统,确保控制柜上所有开关均处于关闭状态。

(2) 开启外部供电系统总电源开关。

(3) 打开控制柜上空气开关。

(4) 打开 24 V 电源开关以及空气开关,打开仪表电源开关。查看所有仪表是否上电,指示是否正常。

(5) 将各阀门顺时针旋转操作到关的状态。

3. 原料准备

(1) 取苯甲酸一瓶(0.5 kg)、煤油 50 kg,在敞口容器内配制成苯甲酸-煤油饱和溶液,并滤去溶液中未溶解的苯甲酸。

(2) 将苯甲酸-煤油饱和溶液加入轻相储槽至其容积的 1/2~2/3。

(3) 在重相储槽内加入自来水,控制水位在 1/2~2/3。

4. 设备吹扫

工业上大部分利用空气进行吹扫,流速应不小于 20 m/s,在排气口先后用涂白油漆的木制靶和白布进行检查,如 5 min 内靶上无铁锈、尘土、水分及其他脏物即为合格。吹扫管路时不能进入塔器、容器、换热器等,这些设备要隔离,封闭前单独清扫。同时,吹扫要注意以下事项:

(1) 吹扫带安全阀的设备管道时,应把安全阀拆除,吹扫完后再装上。

(2) 在吹扫经过泵的管道时,介质应走泵的跨线。吹扫一段时间后,拆开入口法兰,吹扫泵入口管道,干净后装上过滤网和法兰,吹扫出口管道。在吹扫入口管道时,要做好泵入口的遮挡工作,防止杂物吹入泵体内。没有跨线的泵,可将其出口管道反吹。

(3) 在吹扫各容器、塔、反应器时,应由里向外吹。一般不准直接向容器、塔、反应器里吹扫、冲洗。

(4) 在吹扫换热设备时,不论壳程、管程,在入口处均应拆开法兰。待管道吹扫干净后,再装上法兰,让介质通过。由于吹扫操作比较复杂,而且本装置在出厂之前已经完成,再次开车时,不必再进行此项操作。

5. 系统检漏

打开系统内所有设备间连接管道上的阀门,关闭系统所有排污阀、取样阀、仪表根部阀(压力表无根部阀时应拆除压力表用合适的方式堵住引压管口),向系统内缓慢加水(可从萃余相储槽排污阀 VA06 或萃取相储槽排污阀 VA23),关注加水进度,检查装置是否泄漏,及时消除泄漏点并根据水位上升状况及时关闭相应的放空阀。当系统水加满后关闭放空阀,使系统适当承压(控制在 0.1 MPa 以下)并保持 10 分钟,系统无不正常现象则可以判定此项工作结束。然后开启放空阀并使其保持常开状态,开启装置低处的排污阀,将系统内水排放干净。

6. 设备试车

(1) 轻相泵试车

在轻相储槽内充满清水,检查轻相泵电路系统,开启轻相泵进出口阀(VA16、VA18),启动轻相泵向萃取塔内送入清水,检查轻相泵运行是否正常。

(2) 重相泵试车

在重相储槽内充满清水,开启重相泵进、出口阀(VA25、VA27),启动重相泵,向萃取塔内送入清水,检查重相泵运行是否正常。

(3) 气泵试车

检查气泵电机电路,开启气泵出口阀(VA02),关闭空气缓冲罐气体出口阀、放空阀

（VA04、VA05），启动气泵，若气泵运行平稳，输出气体在 10 min 内将空气缓冲罐充压至0.1 MPa，则视为气泵合格。

（4）装置整体试车

开启自来水进水阀门（VA28）并一直保持开启状态，向重相储槽内加清水至 2/3 液位，开启重相泵进出口阀门（VA25、VA27），萃余分相罐底部出口阀（VA14），关闭萃取塔出口阀、排污阀（VA19、VA20），关闭萃余分相罐出口阀（VA11、VA13），启动重相泵，以最大流量形成内循环。

向轻相储槽加清水至 2/3 液位，开启轻相储槽出料阀（VA09）、轻相泵进出口阀（VA16、VA18）、萃余分相罐轻相出口阀（VA11），关闭萃余分相罐底部出口阀（VA14、VA13），减小重相进出口流量，开启轻相泵，调节轻相、重相进出口流量相当。

当系统运行稳定后，开启气泵，调节空气流量向萃取塔内鼓入适量气泡，若运行正常，则设备整体试车完毕。

7. 声光报警系统检验

信号报警系统有试灯状态、正常状态、报警状态、消音状态、复原状态。

（1）试灯状态：可在正常状态下，检查灯光回路是否完好（按控制面板上的试验按钮1）。

（2）正常状态：此时，设备运行正常，没有灯光或音响信号。

（3）报警状态：当被测工艺参数偏离规定值或运行状态出现异常时，发出音响灯光信号，以提醒操作人员。

（4）接收状态：操作人员可以按控制面板上的消音按钮从而解除音响信号，保留灯光信号。

（5）复原状态：当故障解除后，报警系统恢复正常状态。

▶ 子任务 2　萃取实训装置正常开车操作 ◀

一、正常开车

1. 重相进料

（1）外操打开重相泵进出口阀。

（2）主操启动重相泵。

（3）主操调节萃取塔重相进出口调节阀，控制萃取塔顶液位稳定在塔顶玻璃窗1/3 处。

2. 气泵运行

（1）外操打开空气缓冲罐入口阀，关闭空气缓冲罐气体出口阀和放空阀。

（2）主操启动气泵，将空气缓冲罐充压至 0.1 MPa。

（3）外操打开空气缓冲罐气体出口阀和放空阀，调节适当的空气流量，使压力稳定在0.1 MPa。

（4）主操调节萃取塔出口流量,维持萃取塔塔顶液位在玻璃视镜段 1/3 处。

3. 轻相进料

（1）外操打开轻相泵进出口阀。

（2）主操启动轻相泵。

（3）主操调节轻相进口流量,控制油-水界面稳定在玻璃视镜段 1/3 处。

4. 稳定运行

（1）轻相逐渐上升,由塔顶出液管溢出至萃余分相罐,在萃余分相罐内油-水再次分层,流出至萃取相储槽。

（2）当萃取系统稳定运行 20 min,外操在萃取塔出口处采样分析。

（3）改变鼓泡空气、轻相、重相流量,获得 3～5 组实验数据,做好操作记录。

二、正常操作注意事项

1. 按照要求巡查各界面、温度、压力、流量液位值并做好记录。

2. 分析萃取、萃余相的浓度并做好记录;能及时判断各指标是否正常;能及时排污。

3. 控制进、出塔重相流量相等,控制油-水界面稳定在玻璃视镜段 1/3 处。

4. 控制好进塔空气流量,防止引起液泛,保证良好的传质效果。

5. 当停车操作时,要注意及时开启分凝器的排水阀,防止重相进入轻相储槽。

6. 用酸碱滴定法分析苯甲酸浓度。

三、异常现象及处理

萃取操作异常现象及处理方法如表 9-3 所示。

表 9-3　萃取操作异常现象及处理方法

异常现象	原因分析	处理方法
重相储槽中轻相含量高	轻相从塔底混入重相储槽	减小轻相流量、加大重相流量并减小采出量
轻相储槽中重相含量高	重相从塔底混入轻相储槽	减小重相流量、加大轻相流量并减小采出量
	重相由萃余分相罐内带入轻相储槽	及时将萃余分相罐内重相排入重相储槽
分相不清晰、溶液乳化、萃取塔液泛	进塔空气流量过大	减小空气流量
轻相、重相传质不好	进塔空气流量过小轻相加入量过大	加大空气流量减小轻相加入量或增加重相加入量

四、正常运行

监视各控制参数是否稳定,改变鼓泡空气、轻相、重相流量时,班长根据实训操作报表准确记录实训数据,记录相关参数值(见表 9-4)。

表 9 - 4 萃取操作数据记录表

序号	时间 (5 min 一次)	轻相储槽 出口流量/ (L·h⁻¹)	萃余相储槽 进口浓度 /(L·h⁻¹)	萃取相储槽 进口浓度/ (L·h⁻¹)	轻相储槽 出口浓度/mg (NaOH)	萃余相储槽 进口浓度/ mg(NaOH)	萃取相储槽 进口浓度/ mg(NaOH)	萃取效 率/%
1								
2								
3								
4								
5								
6								
异常现象记录								
记录人			时间					

子任务 3　萃取实训装置停车操作

一、停车准备工作

1. 装置停车要做到安全、稳定、文明、卫生,做到团队协作、统一指挥,各岗位密切配合。

2. 停车要做到:不超温,不超压,不着火,不冒罐,不水击损坏设备,设备管线内不存物料,降量不出次品,不拖延时间停车。

3. 组员熟悉停车方案安排、工作计划以及岗位间的衔接。

4. 准备好停车期间的使用工具。

5. 关好水电、仪器设备,确保设备回到初始开车状态。

二、停车操作要点

1. 停轻相泵:注意先关轻相泵出口阀,再停轻相泵,最后关轻相泵入口阀。

2. 停气泵:注意先关闭空气缓冲罐的转子流量计,再关气泵出口阀,最后停气泵。

3. 停重相泵:注意停重相泵前,主操应先将重相泵流量调至最大,使萃取塔及萃余分相罐内轻相全部排入萃余相储槽,然后再停重相泵。

4. 执行 HSE 有关规定,文明操作。

三、装置停车操作

1. 停轻相泵

(1) 外操关闭轻相泵出口阀门。

(2) 主操停止轻相泵。

（3）外操关闭轻相泵进口阀门。

2. 停气泵

（1）外操关闭空气缓冲罐气体出口转子流量计和出口阀。

（2）主操关闭气泵。

（3）外操打开空气缓冲罐放空阀,泄压至0,关闭空气缓冲罐气体进口阀。

3. 停重相泵

（1）主操将重相泵流量调至最大,使萃取塔及萃余分相罐内轻相全部排入萃余相储槽。

（2）主操停止重相泵。

（3）外操关闭重相泵出口阀,打开萃余分相罐底部出口的前后阀,排空重相,关闭前后阀门。

（4）主操调节萃取塔出口阀,排空重相至萃取相储槽。

（5）外操关闭萃取塔重相出口的前后阀,打开萃取相储槽的排污阀,排空,关闭排污阀。

（6）主操依次关闭DCS界面工艺流程。

（7）主操退出DCS界面,关闭仪表、计算机电源。

任务三　萃取实训装置常见事故处理

在萃取正常操作中,由教师给出隐蔽指令,通过不定时改变某些阀门、泵的工作状态来扰动萃取系统正常工作状态,模拟出实际萃取生产过程中的常见故障,学生根据各参数的变化情况、设备运行异常现象,分析故障原因,找出故障并动手排出故障,以提高学生对工艺流程的深化理解和实际动手能力。

1. 气泵跳闸

在萃取正常操作中,教师给出隐蔽指令,改变气泵的工作状态,学生通过观察萃取塔内液体流动状态、界面及液位等参数的变化情况,分析引起系统异常的原因并进行处理,使系统恢复正常操作状态。

2. 萃余分相罐液位失调

在萃取正常操作中,教师给出隐蔽指令,改变萃余分相罐的工作状态,学生通过观察萃取塔界面、液位及重相、轻相出料等参数的变化情况,分析引起系统异常的原因并进行处理,使系统恢复正常操作状态。

3. 空气进料管倒"U"进料误操作

在萃取正常操作中,教师给出隐蔽指令,改变萃取塔空气进口管阀的工作状态,学生通过观察萃取塔内流动状态、界面和液位等参数的变化情况,分析引起系统异常的原因并进行处理,使系统恢复正常操作状态。

4. 重相流量改变

在萃取正常操作中,教师给出隐蔽指令,改变重相泵出口阀的工作状态,学生通过观察萃取塔内流动状态、界面和液位等参数的变化情况,分析引起系统异常的原因并进行处理,使系统恢复正常操作状态。

5. 轻相流量改变

在萃取正常操作中,教师给出隐蔽指令,改变轻相泵出口阀的工作状态,学生通过观察萃取塔内流动状态、界面和液位等参数的变化情况,分析引起系统异常的原因并进行处理,使系统恢复正常操作状态。

拓展提升

中药萃取技术

随着人们对中药的认识不断深入,中药提取技术也得到了极大的发展。中药萃取技术是一种将中药有效成分从原料中提取出来的技术,这种技术不仅能够提高中药的药效,还能够降低中药的副作用,使中药的应用更加安全有效。

中药萃取技术的发展历程

中药萃取技术的发展可以追溯到古代。在古代,中药提取技术主要是通过煮药、浸泡、蒸馏等方法进行的。这些方法虽然简单,但是提取效率低,且容易破坏中药的有效成分。

随着现代科技的发展,中药萃取技术得到了极大的改进。目前,中药萃取技术主要包括溶剂萃取、超声波萃取、微波萃取、超临界萃取、固相萃取等多种方法。这些方法不仅提高了中药的提取效率,还能够有效地保护中药的有效成分,使其药效更加明显。

中药萃取技术的应用

中药萃取技术在中药制备中有着广泛的应用。中药萃取技术可以将中药中的有效成分提取出来,制成中药饮片、中药颗粒、中药胶囊等多种剂型,方便患者服用。同时,中药萃取技术还可以用于中药注射液、中药口服液等制剂的制备,使中药的应用更加灵活。

中药萃取技术在食品添加剂中也有着广泛的应用。中药萃取技术可以将中药中的有效成分提取出来,制成食品添加剂,增加食品的营养价值和保健作用。同时,中药萃取技术还可以用于食品防腐剂的制备,保证食品的安全性。

中药萃取技术在医药工业中也有着广泛的应用。中药萃取技术可以将中药中的有效成分提取出来,制成药物原料,用于制备各种药物。同时,中药萃取技术还可以用于药物的研究开发,为新药的研发提供重要的支持。

中药萃取技术的发展趋势

中药萃取技术正向高效、环保、经济、自动化方向发展。目前,中药萃取技术的自动化程度已经较高,但是提取效率仍需进一步提高。未来,中药萃取技术将会向着高效、环保、经济、自动化的方向发展,使中药的提取效率更高、更稳定,同时保证中药的质量和安全性。

中药萃取技术的发展对于中药产业的发展有着重要的意义。中药萃取技术的发展可以提高中药的药效,使中药的应用更加安全有效,同时也可以促进中药产业的发展,为人们的健康事业做出更大的贡献。

实训考评

一、萃取开停车项目考核评分

考核内容	考核项目	评分要素	评分标准	配分
开车准备 （10分）	主要设备 仪表识别	① 3位操作人员依据角色分配，自行进入操作岗位（1分） ② 外操到指定地点拿标识牌：V202、V203、V205、V206、电磁阀V33，分别挂牌到对应的设备及仪表上（5分）	每挂错1个牌或少挂一个扣1分，每少汇报1次或汇报错误扣1分	6分
	阀门标示 牌标识	① 按工艺流程，班长检查开车前各阀门的开关状态，找出3处错误的阀门开关状态，并挂红牌标识，并将错误的阀门进行更正（3分） ② 主操启动总电源，打开仪表电源，开机进入DCS界面（1分）		4分
冷态开车 （30分）	重相进料	① 外操打开重相泵进出口阀（1分） ② 主操启动重相泵（1分） ③ 主操调节萃取塔重相进出口调节阀，控制萃取塔顶液位稳定在塔顶玻璃窗1/3处（2分）	每开错1个阀门扣1分，开、停泵顺序错误分别扣2分，每少汇报1次或汇报错误扣1分	4分
	气泵运行	① 外操打开空气缓冲罐入口阀，关闭空气缓冲罐气体出口阀和放空阀（1分） ② 主操启动气泵，将空气缓冲罐充压至0.1 MPa（1分） ③ 外操打开空气缓冲罐气体出口阀和放空阀，调节至适当的空气流量，使压力稳定在0.1 MPa（2分） ④ 主操调节萃取塔出口流量，维持萃取塔塔顶液位在玻璃视镜段1/3处（2分）		6分
	轻相进料	① 外操打开轻相泵进出口阀（1分） ② 主操启动轻相泵（1分） ③ 主操调节轻相进口流量，控制油-水界面稳定在玻璃视镜段1/3处（2分）		4分
	稳定运行	① 轻相逐渐上升，由塔顶出液管溢出至萃余分相罐，在萃余分相罐内油-水再次分层，流出至萃取相储槽（1分） ② 当萃取系统稳定运行20 min，外操在萃取塔出口处采样分析（3分） ③ 改变鼓泡空气、轻相、重相流量，获得3～5组实验数据，做好操作记录（12分）		16分
正常停车 （30分）	停轻相泵	① 外操关闭轻相泵出口阀门（1分） ② 主操停止轻相泵（1分） ③ 外操关闭轻相泵进口阀门（1分）	每开错1个阀门扣1分，每少汇报1次或汇报错误扣1分	3分
	停气泵	① 外操关闭缓冲罐气体出口转子流量计和出口阀（2分） ② 主操关闭气泵（1分） ③ 外操打开空气缓冲罐放空阀，泄压至0，关闭空气缓冲罐气体进口阀（3分）		6分

考核内容	考核项目	评分要素	评分标准	配分
正常停车 （30分）	停重相泵	① 主操将重相泵流量调至最大，使萃取塔及萃余分相罐内轻相全部排入萃余相储槽（3分） ② 主操停止重相泵（1分） ③ 外操关闭重相泵出口阀，打开萃余分相罐底部出口的前后阀，排空重相，关闭前后阀门（5分） ④ 主操调节萃取塔出口阀，排空重相至萃取相储槽（2分） ⑤ 外操关闭萃取塔重相出口的前后阀，打开萃取相储槽的排污阀，排空，关闭排污阀（5分） ⑥ 主操依次关闭DCS界面工艺流程（2分） ⑦ 主操退出DCS界面，关闭仪表、计算机电源（3分）	每开错1个阀门扣1分，每少汇报1次或汇报错误扣1分	21分
实训报表 （10分）	实训数据处理	① 改变鼓泡空气、轻相、重相流量时，班长根据实训操作报表准确记录实训数据（5分） ② 取样时，班长记录每次数据，共记录5组数据（5分）	记录错误1处或者少记录1处扣1分	10分
职业素养 （20分）	行为规范	① 着装符合职业要求（2分） ② 操作环境整洁、有序（2分） ③ 文明礼貌，服从安排（2分） ④ 操作过程节能、环保（2分）	每违反1项行为规范、安全操作、敬业意识从总分中扣除2分	8分
	安全操作	① 有毒有害化学试剂安全使用（2分） ② 水安全使用及电安全操作（2分） ③ 设备、工具安全操作与使用（2分）		6分
	敬业意识	① 创新和团队协作精神（2分） ② 认真细致、严谨求实（2分） ③ 遵守规章制度，热爱岗位（2分）		6分

二、实训报告要求

1. 认真、如实填写实训操作记录表。

2. 总结萃取操作要点。

3. 提出提高萃取效果的操作建议。

三、实训问题思考

1. 工业上常用的萃取剂有哪些？

2. 如何做到安全、有效地进行萃取操作？

3. 工业上常用的萃取流程有哪些？

4. 萃取过程中如何做到节能、环保？

项目十

间歇反应器操作实训

教学目标

素质目标	1. 具有爱岗敬业、诚实守信、吃苦耐劳、责任担当的职业素养 2. 树立工程技术观念,养成理论联系实际的思维方式 3. 具有良好的人际沟通能力和团队协作精神 4. 具有较强的沟通能力与语言表达能力 5. 具有创新精神和创新意识,具备一定的创新能力
知识目标	1. 了解间歇反应器在化工生产中的应用 2. 掌握间歇反应器的结构和生产原理 3. 熟悉间歇反应器实训操作要点 4. 了解釜式反应器的其他操作方式 5. 熟悉间歇反应器实训装置的特点及设备、仪表标识 6. 掌握间歇反应器实训装置的开车操作、停车操作的方法及考核评价标准
技能目标	1. 能讲述间歇反应器实训装置的工艺流程 2. 能识读和绘制工艺流程图,能识别常见设备的图形标识 3. 会进行计算机 DCS 控制系统的台面操作 4. 会进行间歇反应器装置开车、停车操作 5. 会监控装置正常运行的工艺参数及记录数据表,并分析影响产品转化率的因素 6. 通过 DCS 操作界面及现场异常现象,能及时判断异常状况 7. 会分析发生异常工况的原因,对异常工况进行处理

实训任务

通过间歇反应器实训装置内外操协作,懂得间歇反应器的工艺流程与操作,掌握实训装置的 DCS 操作并会对异常工况进行分析与处理。本项目所针对的工作内容主要是对间歇反应器实训装置的操作与控制,具体包括:间歇反应器操作工艺流程、工艺参数的调节、开车和停车操作、事故处理等环节,培养分析和解决化工生产中常见实际问题的能力。

以 2~3 位同学为小组,根据任务要求,查阅相关资料,制定并讲解操作计划,完成装置操作,分析和处理操作中遇到的异常情况,撰写实训报告。

任务一　间歇反应器装置工艺技术规程

▶ 子任务 1　认识间歇反应器装置 ◀

一、装置特点

化工生产中的化学反应过程都是在反应器内进行的,反应器是化工生产的核心设备。间歇操作釜式反应器主要用于液相反应,有时也用于液-固相反应或气体连续通过液层的半间歇操作气-液相反应。由于釜式反应器具有结构简单、质量稳定、传动平稳、操作方便等特点,广泛应用于石油、化工、食品、医药、农药、染料等行业,是工业上完成聚合、缩合、磺化、硝化、烃化等工艺过程以及有机染料和医药中间体的合成反应设备。

本装置考虑学校实际需求状况、工况安全问题,采用水作为反应物质 A 和物质 B,以水为冷热介质,原料采用对苯二甲酸和乙二醇,通过酯化缩聚反应生成聚对苯二甲酸乙二醇酯和水,进行实训装置设计。

二、装置组成

本间歇反应实训装置的设计导入反应器区、后处理区、泵组、循环水区的设计概念,包含了反应器、流体输送、传热等操作过程的温度、压力、流量、液位控制,采用了搅拌反应釜、不同流体输送设备(离心泵、真空泵)和输送形式(动力输送和静压输送)、不同传热设备(列管式换热器、夹套式换热器、套管式换热器),并引入工业控制中常用的 DCS 操作控制系统。

▶ 子任务 2　熟悉间歇反应器的结构及工艺过程 ◀

一、工艺原理

釜式反应器是各类反应器中结构较为简单、应用较广的一种,在化工生产中既可适用于间歇操作过程,又可以实现单釜或多釜串联的连续操作过程,而以在间歇生产过程中应用最多。它具有温度和压力范围宽,适应性强,操作弹性大,连续操作温度、浓度容易控制,产品质量均一等特点。但若应用在需要较高转化率的工艺要求时,则需要较大容积。通常在反应条件比较缓和的情况下,如常压、温度较低且低于物料沸点时,应用此类反应器。

1. 间歇操作

间歇操作指在生产过程中一次性加入所有反应物料,在一定的温度和压力下发生化学反应,达到转化率后,一次性采出所有的生成物料。间歇操作适用于小批量、多品种的生产。

此外还有半间歇(半连续)操作和连续操作。半间歇操作指在反应前后多次加料,或多次出料,适用于多种反应物,但是浓度要求相反的生产。连续操作指反应过程中,连续不断地加料和出料,适用于单一、大批量的生产。

2. 间歇反应器

间歇反应器的基本结构包括壳体、搅拌装置、换热装置、传动装置及密封四个主要组成部分(图 10-1)。

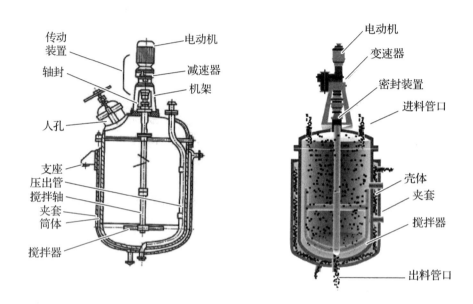

图 10-1　间歇反应器结构简图

(1) 壳体

壳体主要包括筒体、封头(底和盖)、手孔或人孔、视镜、安全装置及各种工艺接管等。

(2) 搅拌装置

搅拌装置包括电机和搅拌轴、叶轮,主要目的是加强反应釜内物料的混合,强化反应的传质与传热。当反应过程需要更大的搅拌强度或需使被搅拌液体做上下翻腾运动时,可在反应器内装设挡板和导流筒。

(3) 换热装置

夹套式换热是反应釜最常用的传热装置。夹套一般由钢板焊接而成,套在反应器筒体外面,形成密封空间,结构简单,使用方便。

当所需传热面较大而夹套不能满足要求时,可用蛇管式换热器。蛇管式换热器分为水平和直立两种形式。对于大型反应釜,需要高速换热时,可在釜内安装列管式换热器。当夹套和列管的换热面积无法满足工艺需要,或者在反应器内部安装蛇管的,可以将反应器内的物料移出反应器,经过外部换热器换热后再循环回反应器中。

各种换热装置的选择主要视传热表面是否易被污染、清洗,换热面积的大小,传热介质泄漏可能造成的后果以及传热介质的温度和压力等因素来决定。

（4）传动装置及密封

传动装置一般包括电动机、减速装置、联轴节及搅拌轴等。传动装置通常设置在反应釜顶部，采用立式布置。电动机经减速机将转速减至按工艺要求的搅拌转速下，再通过联轴器带动搅拌轴旋转。

搅拌釜封头和搅拌轴之间设有搅拌轴密封装置，简称轴封，以防止釜内物料泄漏。轴封装置主要有填料密封和机械密封两种。

3. 釜式反应器的特点

（1）反应器结构简单，基本构成相同。

（2）操作温度、压力较高。

（3）传质效率高、温度分布均匀。

（4）操作方式灵活，多属间歇操作，便于更换品种，能适应多样化生产。

二、工艺流程说明

间歇反应器操作流程见图 10-2。

1. 常压流程

物料从原料槽 V802a 和 V802b 按一定的比例进入反应釜 R801 内，通过串级控制调节系统，使反应釜内温度和压力稳定在规定范围内。开始模拟化学反应，放空不凝气，反应中产生的气体经蒸馏柱 H801 初步分离后，再经冷凝器 E801 冷凝，冷凝后的产物根据需要可以分为两路：一路收集到冷凝液储槽 V804；另一路回流到反应釜 R801 内。一次反应结束后，反应釜内的物料进入中和釜 R802，利用中和液槽 V805 的中和液对反应产物进行中和，中和后的产品收集到产品储槽 V806。

2. 真空流程

本装置配置了真空流程，主物料流程与常压流程相同。在冷凝液储槽 V804、中和釜 R802 中均设置抽真空阀，被抽出的系统物料气体经真空总管进入冷凝液储槽 V804，然后由真空泵 P804 抽出放空。

3. 水浴流程

冷水槽 V803 或热水槽 V801 内的水经循环水泵 P803 输送到反应釜 R801、中和釜 R802 夹套。反应釜 R801 夹套出水流程为：根据反应釜 R801 夹套温度，控制冷水槽 V803 或热水槽 V801 出水电磁阀的开关，同时，根据反应釜 R801 夹套出口温度，选择反应釜 R801 夹套出水到热水槽 V801 或冷水槽 V803 或自循环。中和釜 R802 夹套内的水回流到冷水槽 V803。

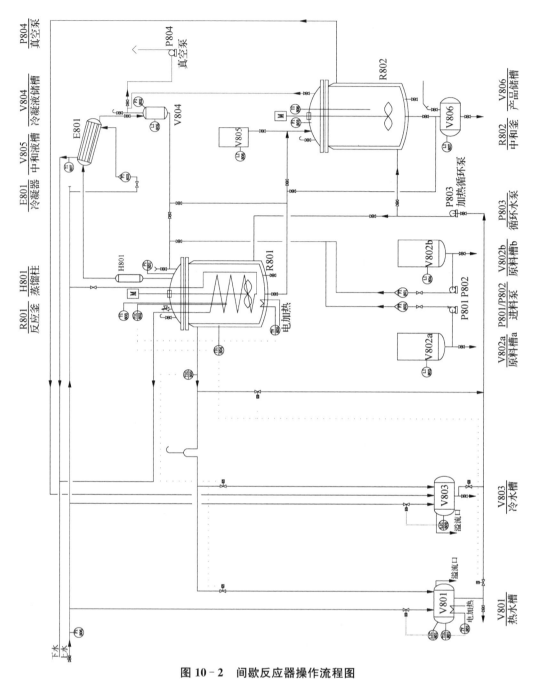

图 10-2　间歇反应器操作流程图

▶ 子任务 3　了解工艺参数及设备 ◀

一、主要工艺参数

间歇反应器实训装置主要工艺参数见表 10-1。

表 10-1 间歇反应器实训装置主要工艺参数

序号	项目	单位	数值
1	反应釜内压力(表压)	MPa	0~0.05
2	中和釜内压力(表压)	MPa	0~0.05
3	反应釜夹套温度	℃	90~95
4	反应釜夹套出口温度	℃	80~90
5	反应釜内温度	℃	60~80
6	热水槽温度	℃	90~95
7	原料 A 加料量	L	16
8	原料 B 加料量	L	16
9	反应釜搅拌速率	r/min	100~200
10	反应釜加热功率	—	50%
11	冷水槽液位	—	1/2~2/3
12	热水槽液位	—	1/2~2/3

二、主要设备

间歇反应器实训装置主要设备见表 10-2。

表 10-2 间歇反应器实训装置主要设备说明

序号	设备类别	设备位号	设备名称	规格	备注
1	反应器	R801	反应釜	$V=50$ L,常压,带冷却盘管、电加热管,带搅拌电机、安全阀	—
2		R802	中和釜	$V=50$ L,常压,带搅拌电机	—
3	罐	V802a/b	原料槽	$\phi 325$ mm$\times 630$ mm,$V=48$ L	立式
4		V805	中和液槽	$\phi 325$ mm$\times 630$ mm,$V=48$ L	立式
5		V806	产品储槽	$\phi 325$ mm$\times 760$ mm,$V=50$ L	卧式
6		V801	热水槽	$\phi 426$ mm$\times 880$ mm,$V=50$ L	卧式
7		V803	冷水槽	$\phi 325$ mm$\times 760$ mm,$V=50$ L	卧式
8		V804	冷凝液储槽	$\phi 200$ mm$\times 340$ mm,$V=9$ L	立式
9		E801	冷凝器	$\phi 260$ mm$\times 750$ mm,$F=0.26$ m^2	卧式
10		H801	蒸馏柱	$\phi 100$ mm$\times 300$ mm,$V=2$ L	立式
11	动力设备	P801/P802	进料泵	增压泵,$H_扬=10$ m;$Q_{max}=20$ L/min;$U=220$ V	卧式
12		P804	真空泵	不锈钢旋片真空泵,$Q_{max}=4$ L/s;$U=380$ V	卧式
13		P803	循环水泵	不锈钢离心泵,$H_扬=11.5$ m;$Q_{max}=1$ m^3/h;$U=380$ V	立式

思政园地

弘扬科学精神，增强民族自信

制造业是国民经济的主体，打造具有国际竞争力的制造业，是我国提升综合国力、保障国家安全、建设世界强国的必由之路。然而，与世界先进水平相比，我国制造业仍然大而不强，在自主创新能力、资源利用效率、产业结构水平、信息化程度、质量效益等方面差距明显，转型升级和跨越发展的任务紧迫而艰巨。为此，政府提出"中国制造2025"的行动纲领，以最终实现制造强国的战略目标。

目前化工生产中，普遍使用的釜式反应器有立式、卧式两种，但釜结构都是圆柱筒体，流体介质在釜内的流动形态不是完全均质的，甚至有反应死角，对反应介质的传热、传质都有不利影响。

带夹套球形搅拌反应釜的新型反应装置，是将传统的带夹套搅拌反应釜的釜体和夹套制作成球体。由于球形内壳形成了360°万向对称的约束空间，使釜内介质在搅拌的工况下，能在全容积中获得更加均匀的轴、径、周三向流动场，实现气-液-固三相的均匀分散，达到无死角、高效、均匀传质反应。在同样材质、同等压力和温度条件下，球形壳体比相同直径的圆筒形壳体壁厚可以减少一半，可成比例降低器壁热阻，提高热传导能力。当容积和釜壁两侧工况相同时，球形反应釜的热传导能力约为圆筒形反应釜的1.5倍。同时，由于球形体空间分布的万向对称性，该反应釜可实现立、卧、斜3种使用方式，在结构受力方面，特别适用于高温、高压、大容积的设备要求，易于系列化和大型化。另外，球形釜更便于釜壁的清理。

新型带夹套球形搅拌反应釜在传质、传热、受力等方面都具有极大的优越性，是对传统化工搅拌反应器的一次革命性创新，将在化工生产领域具有广泛的应用前景。

任务二　间歇反应器装置岗位操作规程

▶ 子任务 1　间歇反应器实训装置开车前的准备与检查 ◀

一、开车前的准备工作

1. 对参与实训的人员进行安全培训,使其了解间歇反应实训装置的工艺流程,熟悉操作规程和安全注意事项。

2. 做好安全防护工作:要求实训人员穿着整洁的实训服,佩戴好安全帽、安全防护眼镜、手套等防护用品,以减少实训过程中可能发生的伤害。

3. 编制开车方案:组织讨论并汇报指导教师。

4. 做好开车前的组织安排(内外操)以及常用工具材料的准备工作。

5. 根据实训内容准备好所需的原料,并确保其质量符合实训要求。

6. 确保公用工程(如水、电)已引入并处于正常状态。

7. 对机泵、仪表、阀门进行检查,使之处于良好的备用状态。

8. 准备好操作记录单,以便在实验过程中记录实验数据和观察结果。

二、开车前的检查工作

1. 检查

由相关操作人员组成装置检查小组,对本装置所有设备、管道、阀门、仪表、电气、照明、分析、保温等按工艺流程图要求和专业技术要求进行检查。

2. 系统气密性试验

打开系统内所有设备间连接管道上的阀门和设备放空阀,关闭系统所有排污阀、仪表根部阀(压力表无根部阀时应拆除压力表用合适的方式堵住引压管口),向系统内缓慢加水(可从产品储槽排污阀或其他适合的接口处接通加水管),关注加水进度情况,检查装置是否泄漏,及时消除泄漏点并根据各设备水位上升状况及时关闭相应的放空阀。当系统加满水后关闭所有放空阀,使系统适当承压(控制在 0.1 MPa 以下)并保持 10 分钟,系统无不正常现象则可以判定此项工作结束。然后打开放空阀并保持常开状态,打开产品储槽 V806 排污阀,将系统内水排放干净。

3. 进行各单体设备试车

(1) 原料泵(P801、P802)试车

① 打开原料槽出料阀进行灌泵。

② 启动原料泵 P801,打开进料泵出口阀,观察流量计(FI801、FI802)流量指示,如果最大流量大于 100 L/h,则满足实验要求。

(2) 真空泵试车

① 关闭冷凝液储槽放空阀,关闭冷凝液储槽进料阀和中和釜抽真空阀。

② 启动真空泵,若冷凝液储槽中的真空度快速指向某一真空度值并稳定,则真空泵良好,打开冷凝液储槽放空阀,停真空泵。

(3) 反应釜试车

① 通过进料泵 P801 往反应釜加水至正常液位。

② 在控制面板上启动反应釜搅拌电机,进行反应釜温度控制及报警、压力、搅拌速度等测试。

(4) 中和釜试车

① 打开反应釜出料阀、中和釜进料阀,将反应釜内的液体排放至中和釜。

② 在控制面板上启动中和釜搅拌电机,进行中和釜温度控制及报警、搅拌速度等测试。

(5) 声光报警系统检验

信号报警系统有:试灯状态、正常状态、报警状态、接收状态、复原状态。

① 试灯状态:可在正常状态下,检查灯光回路是否完好(按控制面板上的试验按钮1)。

② 正常状态:此时,设备运行正常,没有灯光或音响信号。

③ 报警状态:当被测工艺参数偏离规定值或运行状态出现异常时,发出音响灯光信号,以提醒操作人员。

④ 接收状态:操作人员可以按控制面板上的消音按钮,解除音响信号,保留灯光信号。

⑤ 复原状态:当故障解除后,报警系统恢复正常状态。

4. 试电

(1) 检查外部供电系统,确保控制柜上所有开关均处于关闭状态。

(2) 开启外部供电系统总电源开关。

(3) 打开控制柜上空气开关。

(4) 打开装置仪表电源总开关,打开仪表电源开关,查看所有仪表是否上电,指示是否正常。

(5) 将各阀门顺时针旋转操作到关的状态。

5. 准备原料

(1) 准备物料 A 20 L 左右、物料 B 20 L 左右。

(2) 准备中和液 16 L 左右。

▶ 子任务 2　间歇反应器实训装置正常开车操作 ◀

一、开车操作要点

1. 稳定液位：安全生产，控制好反应釜的液位，反应釜的体积约为 50 L，A、B 两种原料的进料量是 16 L，防止过度进料，液体溢出。系统会根据冷、热水槽的液位变化自动补充，不用手动补充。

2. 温度控制：装置的反应釜内部本身不会发生任何化学反应，主要是利用电阻丝发热来模拟化学放热过程。热水槽的加热需要提前开启，可以节约操作时间。

3. 防止反应物料跑、冒、滴、漏。

4. 注意泵、轴封等的密封与泄漏。注意塔、槽液位和泵出口压力变化，避免产生汽蚀。

5. 经常检查设备运行情况，如发现异常现象应及时处理或通知指导老师处理。

二、开车操作

1. 单釜 R801 的操作

（1）确认冷、热水槽的排污阀处于关闭状态，打开冷却水进水总阀，分别打开热水槽进冷却水电磁阀、冷水槽进冷却水电磁阀，向热水槽、冷却水槽内加水，到其液位的 1/2～2/3。热水槽进冷却水电磁阀、冷水槽进冷却水电磁阀的开关由两个储罐的液位自动控制，无需手动调节。

（2）启动热水槽加热系统，控制热水槽内热水温度为 90℃～95℃。

（3）确认原料槽排污阀处于关闭状态，将物料 A、物料 B 分别加到原料槽 a、原料槽 b 中，打开冷凝液储槽放空阀、原料槽出料阀，启动进料泵，打开进料泵出口阀，调节物料 A、B 的流量至 100 L/h，向反应釜内加料。加料 9～10 min（两种原料加入量分别为 16 L 左右），至釜内容积的 2/3 左右（釜内体积为 50 L）。关闭进料泵出口阀，停进料泵，关闭原料槽出口阀。

（4）关闭冷凝液储槽放空阀，启动反应釜搅拌电机，调节转速至 100～200 r/min。

（5）打开热水槽放空阀、冷水槽放空阀、热水槽出水电磁阀、循环水泵进口阀，启动循环水泵 P803，打开循环水泵出口阀和反应釜夹套进水阀，对反应系统进行预热。热水槽出水电磁阀的开关由反应釜内温度自动控制，无需手动调节。

（6）待釜内温度高于 50℃时，控制反应温度恒定。由于反应为放热反应，为模拟反应放热，启动反应釜内加热系统。缓慢升高加热功率，模拟实际放热反应过程。期间可打开冷水槽出水电磁阀，根据反应釜内温度及反应釜夹套温度调节冷水补充量。冷水槽出水电磁阀的开关由反应釜内温度自动控制，无需手动调节。

（7）当釜内温度高于 50℃时，打开冷凝器 E801 进冷却水阀，调节其冷却水流量为 200 L/h 左右。冷凝液储槽放空阀在操作过程中通常处于关闭状态，当釜内压力偏高时，可以间歇打开阀门排放不凝气。

（8）当冷凝液储槽液位高于 1/3 时，打开冷凝液储槽出料阀，进行回流操作，使釜内反应稳定,并调节冷凝液储槽出料阀阀门的开度,保证冷凝液储槽液位的稳定。

(9)如果釜内温度过高或需要快速降温时,打开反应釜内蛇管冷却器冷却水进口阀,向反应釜内通冷却水,进行强制冷却。

(10)根据反应釜夹套出口和夹套温度,从节能角度考虑,可以将反应釜夹套出水循环回热水槽、冷水槽或采取自循环。

(11)控制釜内温度、压力稳定,冷凝液储槽液位稳定,可以认为系统稳定。此时连续反应2~3 h,通过冷凝液储槽排污阀取样分析,反应转化率达到要求即反应结束,停止反应釜加热系统和搅拌系统。同时,打开釜内强制冷却并将冷凝器冷却水量调到最大,对反应系统降温;打开冷水槽出水电磁阀,对水浴系统进行降温。

(12)打开产品储槽放空阀、反应釜出料阀、产品储槽进口阀,将反应釜中物料排到产品储槽中。

(13)及时做好操作记录。

2. 双釜 R801、R802 操作

(1)确认冷、热水槽排污阀均处于关闭状态,打开冷却水进口总阀,分别打开热水槽冷却水进口电磁阀、冷水槽冷却水进口电磁阀,向热水槽、冷却水槽内加水,至其液位的 1/2~2/3。

(2)启动热水槽加热系统,控制热水槽内热水温度为 90℃~95℃。

(3)确认原料槽排污阀处于关闭状态,将物料 A、物料 B 分别加到原料槽 a、原料槽 b,打开冷凝液储槽放空阀、原料槽出料阀,启动进料泵,打开进料泵出口阀,调节物料 A、B 的流量至 100 L/h,向反应釜内加料。加料 9~10 min(两种原料加入量分别为 16 L 左右),至釜内容积的 2/3 左右(釜内体积为 50 L),关闭进料泵出口阀、停进料泵,关闭原料槽出口阀。

(4)关闭冷凝液储槽放空阀,启动反应釜搅拌电机,调节转速至 100~200 r/min,进行物料冷搅拌(根据不同物料体系,由学校老师确定冷搅拌时间)。

(5)打开热水槽放空阀、冷水槽放空阀、热水槽出水电磁阀、循环水泵进口阀,启动循环水泵 P803,打开循环水泵出口阀和反应釜夹套进水阀,对反应系统进行预热。

(6)待釜内温度高于 50℃时,控制反应温度恒定。由于反应为放热反应,启动反应釜内加热系统,缓慢升高加热功率,模拟实际放热反应过程。期间可打开冷水槽出口电磁阀,根据反应釜内温度及反应釜夹套温度调节冷水补充量。

(7)当釜内温度高于 50℃时,打开冷凝器 E801 冷却水进口阀,调节其冷却水流量为 200 L/h 左右。

(8)当冷凝液储槽液位高于 1/3 时,打开冷凝液储槽出料阀,进行回流操作,使釜内反应稳定,并调节冷凝液储槽出料阀的阀门开度,保证冷凝液槽液位的稳定。

(9)如果釜内温度过高或需要快速降温时,则打开反应釜内蛇管冷却器冷却水进口阀,向反应釜内通冷却水,进行强制冷却。

(10)根据反应釜夹套出口和夹套温度,从资源回收利用的角度考虑,可以将反应釜夹套出水循环到热水槽、冷水槽或采取自循环。

(11)控制釜内温度、压力稳定,冷凝液储槽液位稳定,可以认为系统稳定。此时连续反应 2～3 h,通过冷凝液储槽排污阀取样分析,反应转化率达到要求即反应结束,停止反应釜加热系统和搅拌系统。同时,开釜内强制冷却并将冷凝器冷却水量调到最大,对反应系统降温;打开冷水槽出口电磁阀,对水浴系统进行降温。

(12) 将中和液加到中和液槽,打开中和釜放空阀、反应釜出料阀和中和釜进料阀,将反应产物排到中和釜内,同时打开中和液进口阀,将中和液加到中和釜内。

(13) 关闭反应釜夹套进水阀,打开中和釜夹套进水阀,根据需要向中和釜夹套内进水。

(14) 启动中和釜搅拌系统,控制其转速为 80～100 r/min,运行 30 min 左右。打开中和釜排污阀,取样分析中和产品是否达标,达标即可停止中和釜搅拌系统。

(15) 打开产品储槽放空阀和中和釜出料阀,将产品收集到产品储槽。

(16) 及时做好操作记录。

3. 真空操作

(1) 若反应需要真空条件,则在反应前对系统进行抽真空。关闭冷凝液储槽放空阀,启动真空泵 P806,通过调节冷凝液储槽抽真空阀的开度调节储槽内真空度,然后通过打开冷凝器出料阀或中和釜抽真空阀选择抽真空对象。

(2) 其他操作步骤参照单釜操作和双釜操作步骤。

三、正常运行

监视各控制参数是否稳定,当反应釜内温度稳定时,记录相关参数值(见表 10 - 3)。

表 10 - 3　间歇反应器操作数据记录表

装置编号:		日期:		班级:第　　组				
操作人员:					记录人员:			
工艺参数	记录项目		1	2	3	4	5	
	时间/min							
流量 $F/$ (L·h⁻¹)	原料 A 流量							
	原料 B 流量							
	冷凝器冷却水流量							
液位 L/mm	原料 A 液位							
	原料 B 液位							
	冷凝液储槽液位							
	中和液槽液位							
	产品储槽液位							
	冷水槽液位							
	热水槽液位							

装置编号：		日期：			班级:第　　组			
操作人员：					记录人员：			
温度 $T/℃$	反应釜内温度							
	反应釜夹套现场温度							
	反应釜内远传温度							
	反应釜加热功率							
	冷凝液温度							
	冷凝器冷却水出口温度							
	反应釜夹套出口温度							
	中和釜内温度							
压力 P/MPa	反应釜内压力							
	冷凝液储槽压力							
	中和釜压力							
	自来水总进口压力							
异常现象记录								

▶ 子任务3　间歇反应器实训装置停车操作 ◀

一、停车准备工作

1. 装置停车要做到安全、稳定、文明、卫生,做到团队协作、统一指挥,各岗位密切配合。

2. 在停车前,应仔细检查间歇反应器的各个部件,包括搅拌器、加热装置、冷却系统、阀门、压力表等,确保其处于良好状态,无损坏或泄漏现象。

3. 组员熟悉停车方案安排、工作计划以及岗位间的衔接。

4. 准备好停车期间的使用工具。

5. 准备好将产品汇集到产品槽。

6. 关好水电、仪器设备,确保设备回到初始开车状态。

二、停车操作要点

1. 反应器停车:先关闭反应釜内加热系统,再开启釜内蛇管冷却器冷却水进口阀,使冷却水量最大。

2. 停泵设备:注意关泵顺序,保护电机。

3. 停搅拌:注意反应釜、中和釜搅拌电机的关闭时机。

4. 执行 HSE 有关规定,文明操作。

三、装置停车操作

1. 单釜和双釜停车

(1) 关闭反应釜内加热系统。

(2) 开启釜内蛇管冷却器冷却水进口阀,调节冷凝器冷却水进口阀的开度,使冷却水量最大。

(3) 开启冷水槽出口电磁阀,对水浴系统降温。

(4) 待反应釜系统温度小于 40℃,关闭反应釜内蛇管冷却器冷却水进口阀和冷凝器冷却水进口阀。

(5) 水浴系统温度小于 40℃时,关闭循环水泵出口阀,停止循环水泵,关闭循环水泵进口阀。

(6) 开启冷、热水槽的排污阀,排放冷、热水槽中的水。

(7) 关闭产品储槽放空阀,产品储槽内的产物视实际情况由实验指导老师决定处理意见。

(8) 检查停车后各设备、阀门、仪表状况,保持各设备、管路的洁净。

(9) 切断装置电源,做好操作记录。

(10) 安全文明操作,做好场地清理。

2. 真空停车

(1) 关闭反应釜内加热系统。

(2) 开启釜内蛇管冷却器冷却水进口阀,调节冷凝器冷却水进口阀的开度,使冷却水量最大。

(3) 开启冷水槽出口电磁阀,对水浴系统降温。

(4) 待反应釜系统温度小于 40℃,关闭强制冷却和冷凝器冷却水进口阀。

(5) 水浴系统温度小于 40℃时,关闭循环水泵出口阀,停循环水泵,关闭循环水泵进口阀。

(6) 当系统温度降到 40℃左右,缓慢开启冷凝液储槽放空阀,破除真空,系统恢复至常压状态。

(7) 开启冷、热水槽的排污阀,排放冷、热水槽中的水。

(8) 关闭产品储槽放空阀,产品储槽内的产物视实际情况由实验指导老师决定处理意见。

(9) 检查停车后各设备、阀门、仪表状况,保持各设备、管路的洁净。

(10) 切断装置电源,做好操作记录。

(11) 安全文明操作,做好场地清理。

任务三　间歇反应器实训装置常见事故处理

一、事故一

1. 异常现象:反应釜温度、压力急剧上升。

2. 原因分析:(1) 釜内加热和水浴温度偏高;(2) 冷凝器冷却水阀未开或开度不够。

3. 处理方法:(1) 釜夹套、釜内盘管通入冷却水降温;(2) 冷凝器进冷却水阀打开,调节流量为 200 L/h 左右。

二、事故二

1. 异常现象:反应过程异常。

2. 原因分析:(1) 助剂配比不准;(2) 原料计量不准。

3. 处理方法:(1) 调整配比;(2) 准确计量。

拓展提升

釜式反应器的操作要点

氯乙烯聚合工艺中，釜式反应器的操作要点如下。

氯乙烯悬浮法聚合是将液态氯乙烯单体（VCM）在搅拌作用下分散成液滴悬浮于水介质中的聚合过程。溶于单体中的引发剂，在聚合温度（45℃～65℃）下分解成自由基，引发氯乙烯单体聚合。水中溶有分散剂，以防聚合达到一定转化率后 PVC－VCM 溶胀粒子的粘并。

氯乙烯悬浮聚合过程大致如下：先将去离子水经泵加入聚合釜内，分散剂以稀溶液状态从计量槽加入釜内，其他助剂从人孔投料。关闭人孔盖充氮气试压，确认不泄漏后，抽真空去除釜内的氧气。氯乙烯单体由氯乙烯工段送来，经单体计量槽加入聚合釜。引发剂自釜顶加料罐加入聚合釜。加料完成后，先开动聚合釜搅拌进行冷搅，然后往聚合釜夹套通入热水将釜内物料升温至规定的反应温度。当氯乙烯开始聚合并释放出热量后，往釜夹套内通入冷却水，并借循环水泵维持冷却水在大流量低温差下操作，将聚合反应热及时移走，确保聚合反应温度的恒定，聚合釜的温控为自动化控制。

当釜内单体转化率达到 85% 以上时，釜内压力开始下降，根据聚氯乙烯的生产型号对应不同的出料压力进行出料操作，釜内悬浮液借釜内余压压入出料槽，并往槽内通入蒸汽升温，脱除未聚合的氯乙烯单体，氯乙烯气体借槽内压力送氯乙烯气柜回收。经脱气后的浆料自出料槽底部排出，经树脂过滤器及浆料泵送入汽提塔顶部，浆料与塔底进入的蒸汽递流接触进行传热传质过程，PVC 树脂及水相中残留单体被上升的水蒸气汽提带逸，气相中的水分于塔顶冷凝器冷凝回流入塔内，不冷凝的氯乙烯气体借水环泵抽出排至气柜回收。经汽提后的浆料自塔底由浆料泵抽出送入混料槽待离心干燥处理。聚氯乙烯树脂生产工艺图如图 10-3 所示。

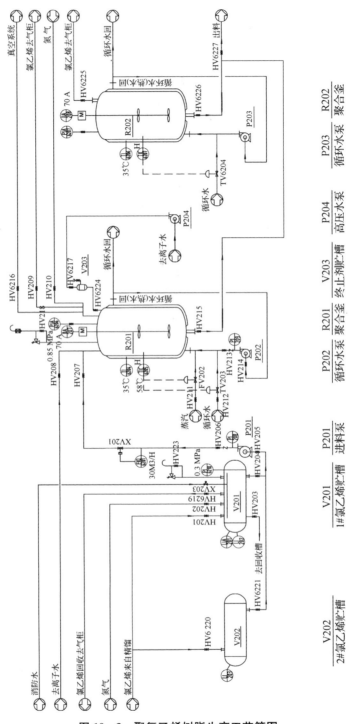

图 10-3 聚氯乙烯树脂生产工艺简图

 **实训考评**

一、双釜操作开停车项目考核评分

考核内容	考核项目	评分要素	评分标准	配分
开车准备 （10分）	主要设备 仪表识别	① 3位操作人员依据角色分配，自行进入操作岗位（1分） ② 外操到指定地点拿标识牌：R801、R802、P803、压力变送器、热电阻、液位计，分别挂牌到对应的设备及仪表上（6分）	每挂错1个牌扣1分，无汇报扣1分	7分
	阀门标示 牌标识	① 班长检查开车前各阀门的开关状态，找出2处错误的阀门开关状态，并挂红牌标识，并将错误的阀门进行更正（2分） ② 主操启动总电源，打开仪表电源，开机进入DCS界面（1分）	每挂错1个牌或少挂一个扣1分，每少汇报1次或汇报错误扣1分	3分
冷态开车 （50分）	原料槽 加料	① 外操到指定地点提取原料：水和工业酒精（1分） ② 外操向原料槽a和原料槽b加料到其液位的1/2～2/3（2分）	原料加入量不在指定范围内扣2分，每少汇报1次或汇报错误扣1分	3分
	冷水槽、 热水槽 贮水	① 外操分别向热水槽、冷水槽内贮水，至其液位的1/2～2/3（4分） ② 主操启动热水槽加热系统，并控制热水槽内热水温度为90℃～95℃（无需等温度）（3分）	每开错1个阀门扣1分，贮水量不在指定范围内扣2分，温度不在指定范围内扣2分，每少汇报1次或汇报错误扣1分	7分
	反应釜 进料	① 外操打开原料泵a和原料泵b的入口阀（2分） ② 主操启动原料泵a和原料泵b（2分） ③ 外操打开原料泵a和原料泵b的出口阀；加料9～10 min（两种原料加入量分别为16 L左右），至釜内容积的2/3左右（釜内体积为50 L）（3分） ④ 主操启动反应釜搅拌电机，调节转速为100～200 r/min（2分） ⑤ 外操关闭原料泵a和原料泵b的出口阀（2分） ⑥ 主操关闭原料泵a和原料泵b（2分） ⑦ 外操关闭原料泵a和原料泵b的入口阀（2分）	每开错1个阀门扣1分，不在指定范围内扣2分，搅拌器没开扣1分，开、停泵顺序错误分别扣2分，每少汇报1次或汇报错误扣1分	15分
	反应釜 原料预热	① 待热水槽温度升到90℃～95℃时，外操打开热水槽放空阀、冷水槽放空阀（3分） ② 主操打开热水槽出水电磁阀（1分） ③ 外操打开循环水泵进口阀（1分） ④ 主操启动循环水泵P803（1分） ⑤ 外操打开循环水泵出口阀和反应釜夹套进水阀（2分） ⑥ 主操控制热水槽温度在90℃～95℃恒定，釜内温度在50℃以上（7分）	每开错1个阀门扣1分，温度不在指定范围内扣1分/min，每少汇报1次或汇报错误扣1分	15分

考核内容	考核项目	评分要素	评分标准	配分
冷态开车（50分）	模拟反应放热	① 主操启动反应釜内加热系统,缓慢升高加热功率,模拟实际放热反应过程,期间可打开冷水槽出水电磁阀,根据反应釜内温度及反应釜夹套温度调节冷水补充量(3分) ② 外操打开冷却水进入反应釜和冷凝器入口阀(2分) ③ 主操控制反应釜温度在50℃～60℃恒定(5分)	每开错1个阀门扣1分,温度不在指定范围内扣1分/min,每少汇报1次或汇报错误扣1分	10分
反应釜停车（7分）	停加热系统	① 主操关闭反应釜内加热系统(1分) ② 外操开启釜内蛇管冷却器冷却水进口阀,调节冷凝器冷却水进口阀的开度,使冷却水量最大(1分)	每开错1个阀门扣1分,每少汇报1次或汇报错误扣1分	2分
	停冷却水系统	① 待反应釜系统温度小于40℃,外操关闭反应釜内蛇管冷却器冷却水进口阀和冷凝器冷却水进口阀,关闭循环水泵出口阀(3分) ② 主操停止循环水泵(1分) ③ 外操关闭循环水泵进口阀(1分)		5分
中和反应及停车（13分）	中和釜加料	① 外操将中和液加到中和液槽(1分) ② 外操打开中和釜放空阀,反应釜出料阀和中和釜进料阀,将反应产物排到中和釜内(2分) ③ 外操打开中和液进口阀,将中和液加到中和釜内(1分)	每开错1个阀门扣1分,每少汇报1次或汇报错误扣1分	4分
	中和釜反应	① 外操关闭反应釜夹套进水阀,打开中和釜夹套进水阀,根据需要向中和釜夹套内进水(2分) ② 主操启动中和釜搅拌系统,控制其转速为80～100 r/min,运行5 min左右(1分) ③ 外操打开中和釜排污阀,停止中和釜搅拌系统(1分) ④ 外操打开产品储槽放空阀和中和釜出料阀,将产品收集到产品储槽(2分)		6分
	排污关机	① 外操开启冷、热水槽的排污阀排放冷、热水槽中的水,关闭产品储槽放空阀(1分) ② 主操依次关闭DCS界面工艺流程(1分) ③ 主操退出DCS界面,关闭仪表、计算机电源(1分)		3分
职业素养（20分）	行为规范	① 着装符合职业要求(2分) ② 操作环境整洁、有序(2分) ③ 文明礼貌,服从安排(2分) ④ 操作过程节能、环保(2分)	每违反1项行为规范、安全操作、敬业意识从总分中扣除2分	8分
	安全操作	① 有毒有害化学试剂安全使用(2分) ② 水安全使用及电安全操作(2分) ③ 设备、工具安全操作与使用(2分)		6分

考核内容	考核项目	评分要素	评分标准	配分
职业素养 （20分）	敬业意识	① 创新和团队协作精神（2分） ② 认真细致、严谨求实（2分） ③ 遵守规章制度，热爱岗位（2分）		6分
考核分数				
评分人		核分人		

二、实训报告要求

1. 认真、如实填写实训操作记录表。

2. 总结反应釜控温操作要点。

3. 提出间歇反应过程中提高产物产率的操作建议。

三、实训问题思考

1. 间歇釜式反应器的主要结构有哪些？

2. 间歇釜式反应器的换热方式有哪些？ 各有什么特点？

3. 釜式反应器的间歇操作和连续操作有什么区别？

4. 间歇釜式反应器常见的故障有哪些？ 如何排除？

5. 工业生产中，间歇反应器可以应用在哪些场景？

项目十一

大赛精馏装置操作实训

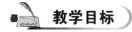 **教学目标**

素质目标	1. 培养学生遵守标准规范的职业素养,培养学生精益求精的大国工匠精神 2. 树立工程技术观念,养成理论联系实际的思维方式 3. 服从管理、乐于奉献、有责任心,有较强的团队精神 4. 具有创新、绿色、安全化工的理念 5. 具有良好的产品质量、安全操作、节能环保意识
知识目标	1. 了解精馏在化工生产中的作用和定位、发展趋势及新技术应用 2. 掌握精馏工艺过程的分离原理 3. 熟悉精馏单元实训操作要点 4. 了解精馏操作的影响因素 5. 熟悉精馏实训装置的特点及设备、仪表标识 6. 掌握精馏实训装置的开车操作、停车操作的方法及考核评价标准
技能目标	1. 能讲述精馏实训装置的工艺流程,掌握精馏装置的构成、物料流程及操作控制点(阀门) 2. 能在规定时间内完成开车准备、开车、总控操作和停车操作,操作方式为手动操作(即现场操作及在DCS界面上进行手动控制) 3. 能根据原料浓度和装置参数自主确定工艺操作条件,控制再沸器液位、进料温度、塔顶压力、塔压差、回流量、采出量等工艺参数,维持精馏操作正常运行 4. 能正确判断运行状态,分析不正常现象的原因,采取相应措施,排除干扰,恢复正常运行 5. 能优化操作控制,合理控制产能、质量、消耗等指标,安全、文明操作

 实训任务

以乙醇-水溶液为工作介质,规定原料数量,原料浓度在$[(10\sim15)\pm0.2]\%$(质量分数)范围内配置,在120 min内完成精馏操作全过程。

通过大赛精馏实训装置内外操协作,懂得精馏的工艺流程与原理,掌握大赛精馏装置的DCS操作并对异常工况进行分析与处理。考核其工艺指标控制、所得产品产量与质量、原料消耗、稳定性控制、规范操作及安全与文明生产状况。具体考核指标及权重见评分细则。

以3人为一操作小组,根据任务要求,查阅相关资料,制定并讲解操作计划,完成装置操作,分析和处理操作中遇到的异常情况,撰写实训报告。

任务一　大赛精馏装置工艺技术规程

子任务 1　认识大赛精馏装置

一、装置特点

精馏是分离液体混合物最常用的一种操作,在化工、医药、炼油等领域得到了广泛的应用。精馏是同时进行传热和传质的过程。为实现精馏过程,需要提供物料的贮存、输送、传热、分离、控制等设备和仪表。

本装置(图 11-1)根据教学特点,降低学生实训过程中的危险性,采用水-乙醇作为精馏体系。该大赛装置与项目七中的精馏实训装置相比,具有以下特点:

(1)完整体现典型精馏分离过程,满足化工工艺类、化工机械类和过程控制类专业学员认识实习和实训操作要求。

(2)可考查温度、进料位置、进料组成、回流比等对精馏分离过程的影响;可测定全回流和不同回流比条件下,精馏塔的理论塔板数。

(3)能进行化工典型设备的安装检修及结构设计实训,能进行化工经典设备的平面、立面布置及相关绘图实训。

(4)采用 DCS 控制系统,配备标准工业柜机,可进行 DCS 组态与控制实验,具有系统信号连锁保护功能,当系统出现超压、超温等异常状态时,系统可触发连锁及时报警,并对系统温度、压力、流量等参数进行控制及实施其他的连锁动作。

(5)掌握换热器、精馏塔、泵等典型设备的控制原理与方案,主要动设备的开、停不仅可以就地控制,还可由 DCS 操作、控制并显示运行状态,主要工艺参数具有就地指示功能。

(6)可考查典型精馏分离过程组成系统的运行,可考查系统中压力、物料及能量的平衡问题。

(7)可考查各主要因素的改变对生产系统的影响,能安全、长周期运行,满足连续操作要求。

(8)装置具有系统自动评分功能。

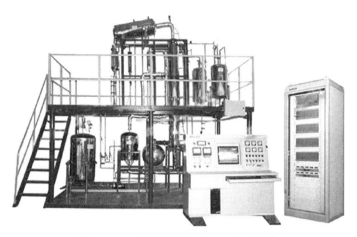

图 11-1　大赛精馏装置实景参考照片

二、装置组成

本实训装置由以下几个部分组成：板式精馏塔、塔顶冷凝器、塔底再沸器、原料预热器、进料系统、回流及馏出液采出系统、残液采出系统、物料储槽、控制仪表、公用工程和装置 DCS 操作平台。

▶ 子任务 2　熟悉工艺过程及设备 ◀

一、大赛精馏装置流程说明

原料槽 V703 内约[(10～15)±0.2]%（质量分数）的水-乙醇混合液，经原料泵 P702 输送至原料预热器 E701，预热后，由精馏塔中部进入精馏塔 T701 进行分离。气相由塔顶馏出，经塔顶冷凝器 E702 冷却后，进入冷凝液槽 V705，经产品泵 P701，一部分送至精馏塔上部第一块塔板进行回流；另一部分送至产品槽 V702 作为产品采出。塔釜残液经塔底换热器 E703 冷却后送入残液槽 V701。

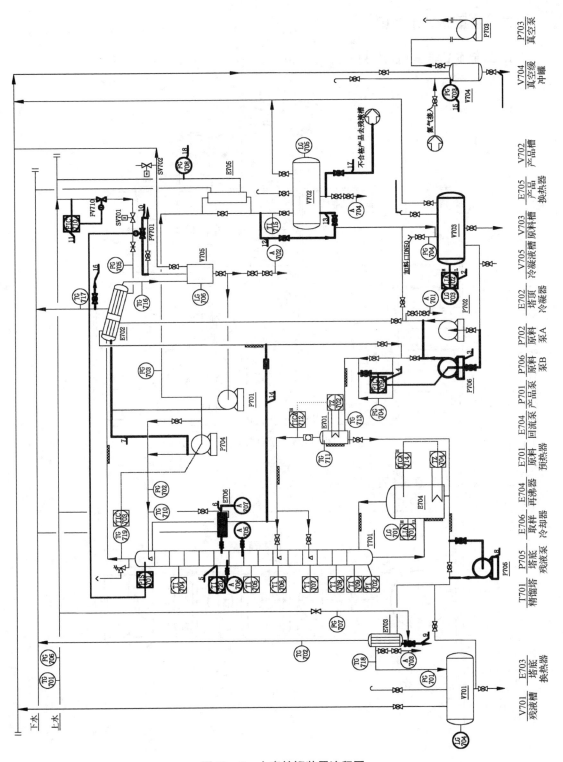

图 11 - 2 大赛精馏装置流程图

二、装置布置示意图

1. 立面布置示意图(图 11-3)

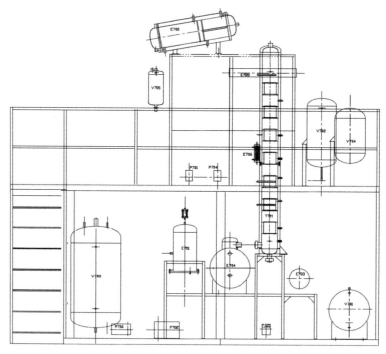

图 11-3　立面布局图

2. 平面布置示意图(图 11-4)

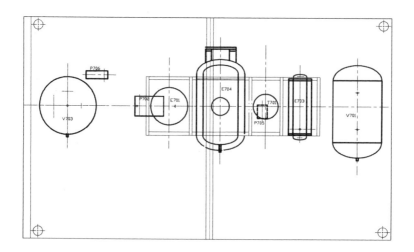

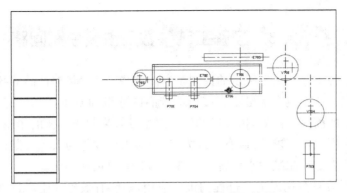

图 11-4　一层及二层平面布置示意图

三、设备一览表

1. 静设备一览表(表 11-1)

表 11-1　大赛精馏装置静设备一览表

编号	名称	规格型号	数量
1	残液槽	不锈钢(牌号 SUS304,下同),ϕ529 mm×1 160 mm,V=200 L	1
2	产品槽	不锈钢,ϕ377 mm×900 mm,V=90 L	1
3	原料槽	不锈钢,ϕ630 mm×1 200 mm,V=340 L	1
4	真空缓冲罐	不锈钢,ϕ400 mm×800 mm,V=90 L	1
5	冷凝液槽	不锈钢,ϕ200 mm×450 mm,V=16 L	1
6	原料预热器	不锈钢,ϕ426 mm×640 mm,V=46 L,P=9 kW	1
7	塔顶冷凝器	不锈钢,ϕ370 mm×1 100 mm,F=2.2 m^2	1
8	再沸器	不锈钢,ϕ528 mm×1 100 mm,P=21 kW	1
9	塔底换热器	不锈钢,ϕ260 mm×750 mm,F=1.0 m^2	1
10	精馏塔	主体不锈钢 DN200;共 14 块塔板	1
11	产品换热器	不锈钢,ϕ108 mm×860 mm,F=0.1 m^2	1
12	取样冷却器	不锈钢,ϕ76 mm×240 mm	1

2. 动设备一览表(表 11-2)

表 11-2　大赛精馏装置动设备一览表

编号	名称	规格型号	数量
1	回流泵	齿轮泵	1
2	产品泵	齿轮泵	1
3	原料泵 A	离心泵	1
4	真空泵	旋片式真空泵(流量 4 L/s)	1
5	塔底残液泵	威乐泵	1
6	原料泵 B	齿轮泵	1

▶ 子任务3　了解工艺参数及主要控制回路 ◀

化工生产对各工艺变量有一定的控制要求。有些工艺变量对产品的数量和质量起着决定性的作用。有些工艺变量虽不直接影响产品的数量和质量，但保持其平稳却是使生产获得良好控制的前提。例如，精馏塔的温度对精馏效果起很重要的作用。

为了满足实训操作需求，可以有两种方式，一是人工操作与人工控制；二是自动控制，即使用自动化仪表等控制装置来代替人的观察、判断、决策和操作。

先进的控制策略在化工生产过程的推广应用，能够有效提高生产过程的平稳性和产品质量的合格率，对于降低生产成本、节能减排降耗、提升企业的经济效益具有重要意义。

一、主要工艺参数

表 11-3　大赛精馏装置主要工艺参数

序号	项目	单位	数值
1	原料预热器现场温度	℃	80～95
2	原料预热器出口温度	℃	80～95
3	再沸器出口温度	℃	≤99
4	塔顶温度	℃	70～80
5	进料量	L/h	≤60
6	回流量	L/h	45～65
7	馏出液量	L/h	5～25
8	残液量	L/h	5～20
9	塔顶压力	kPa	≤0.5
10	顶底压差	kPa	≤5
11	塔釜液位	mm	60～80

二、主要控制回路

1. 再沸器温度控制

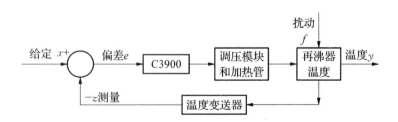

2. 原料预热器温度控制

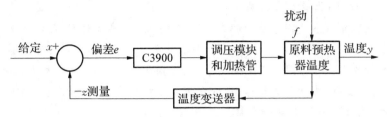

3. 塔顶温度控制

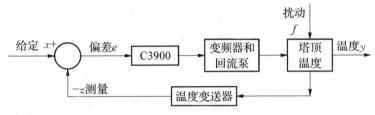

4. 进料流量控制

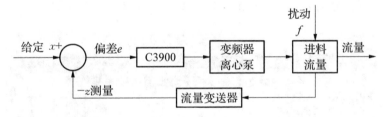

 **思政园地**

技能成才，技能报国

2022年3月，中华人民共和国人力资源和社会保障部出台《关于健全完善新时代技能人才职业技能等级制度的意见(试行)》(以下简称《意见》)，将原有的五级技能等级延伸为八级，形成由学徒工、初级工、中级工、高级工、技师、高级技师、特级技师、首席技师构成的"新八级工"职业技能等级序列，并建立与之相匹配的岗位绩效工资制。

这项事关全国2亿技能劳动者的人才评价制度，旨在进一步畅通技能人才发展通道，提高其待遇水平，引导更多劳动者特别是青年一代走技能成才、技能报国之路，为推动高质量发展夯实人才基础。

2022年11月，在新八级工制度落实半年之际，从《工人日报》刊发的专题报道中可以看出，技能人才成长"天花板"在被打破，"工人明星效应充分释放，技能人才走向广阔创新天地，职工创效热情被充分激发"，"大国重器"有了更强人才支撑，"新八级工"制度在职工、企业、行业、社会中产生了积极的连锁效应。"新八级工"制度，正在为技能人才的高质量发展赋能，为制造强国、技能强国夯实人才地基。

回到身边的例子，怎样才能够在职业技能上不断提升自己的水平？职业生涯中都有哪些职业成长路径? 除了立足本职岗位做出突出成绩以外,通过参加各级职业技能竞赛并获奖,也是重要的职业成长上升路径之一。

如国家级的技能竞赛行赛、全国职业院校技能大赛,真正体现了知识改变命运,技能成就梦想。如图 11-5 所示,"第十四届全国石油和化工行业职业技能竞赛"在泸州四川化工职业技术学院举行。竞赛以"技能成才,技能报国"为主题,为广大石化行业技能人才搭建了亮绝活、唱主角、展风采的舞台,充分发挥职业技能竞赛在高技能人才培养、选拔和激励方面的作用,也为选手们提供一个技能展示、锻炼自我、提升实力的机遇。竞赛评选出 9 名"全国技术能手"和 45 名"全国石油和化工行业技术能手"。竞赛设置了化工总控工、化学检验员、机修钳工 3 个赛项,图 11-6 是化工总控工的竞赛现场。通过比赛带动各地、各企业集团百万职工岗位练兵,涌现了大批的全国技术能手,同时技能竞赛也为石油和化学工业高质量发展,培养、选拔了一大批素质过硬、技艺精湛、行业领先的高技能人才。

我们身处在最好的时代,这个时代赋予了技能人才前所未有的前景。广大技能人才要大力弘扬工匠精神,干一行、爱一行、钻一行,以崇尚完美、追求卓越、达至极致的理念和乐干、细干、巧干的实践,立足岗位成长成才,不断提高技术技能水平,在拼搏中不断超越自我、在奋斗中创造精彩人生,用劳动托举梦想,用双手开创更好未来。

图 11-5　第十四届全国石油和化工行业职业技能竞赛开幕式

图 11-6　化工总控工的竞赛现场图

任务二　大赛精馏装置操作规程

一、操作前条件

1. 配制[(10～15)±0.2]%(质量分数)范围内某一浓度的乙醇水溶液(室温),按1 200 L提前配好,加入装置原料槽至液位计指示(670±2) mm。

2. 原料预热器、再沸器、精馏塔、冷凝液槽、残液槽、产品槽及所有管路系统已尽可能清空。

3. 设备供水至进水总管,电已接至控制台。

4. 所有工具、量具、标志牌、器具均已置于适当位置备用。

5. 控制站、操作站已全部打开。总电源、电压表、C3000 仪表显示、实时监控仪正常。

二、开车准备

1. 主操检查并汇报 DCS 岗位总电源、电压表、C3000 仪表显示、实时监控仪正常与否。

2. 按阀门初始状态表检查装置所有阀门并挂牌。

3. 读取电表初始值、原料槽初始值,并填入工艺记录卡。

4. 检查装置供水是否正常,读取水表初始值并填入工艺记录卡。

5. 清空冷凝液槽、产品槽中积液。

6. 规范启动原料泵(离心泵),将原料槽中原料液通过进料旁路管线、进料板等线路,加入再沸器至工艺指标规定的液位范围后,规范停止原料泵(离心泵)。

7. 进入评分表,点击确认、清零、复位键后,清空评分系统历史数据。

三、开车操作

1. 点击 DCS 界面上的"考核开始",启动评分系统;每 10 min 记录一次操作参数填写至工艺记录卡。

2. 规范启动原料预热器、再沸器电加热,对物料进行升温。

3. 适时打开装置上下水总阀,投用精馏塔顶冷凝器。

4. 加热过程中,适时通过冷凝液槽放空阀排放精馏塔系统中不凝性气体,控制塔顶压力稳定且不超过 0.5 kPa。

5. 规范操作齿轮泵(单泵或双泵串联)进行全回流操作,用产品泵单泵运行时,回流量由回流转子流量计手动控制;产品泵与回流泵串联运行时,须全开回流转子流量计,回流量由 DCS 界面控制。

6. 适时规范启动原料泵(齿轮泵),将原料槽中原料液通过电磁流量计进料,进料流量≤1 L/min,在 DCS 面板上点击部分回流开始按钮后,选择进料板(10 号进料板或 12 号进料板),关闭非进料板阀门,过程中不得更改进料位置;开启进料后 5 min 内预热器出口温度 TIC712 不得低于 80℃。

7. 适时打开塔顶产品槽顶部进口阀,并通过采出转子流量计采出塔顶产品,经产品冷却器冷却至 40℃ 以下进入产品槽。

8. 规范启动残液泵(离心泵),适时投用残液冷却器冷却水,将塔釜残液冷却至 50℃ 以下送入残液槽。

四、稳态生产

1. 主操向裁判报告请求清空产品槽,且冷凝液槽液位不超过 2 cm 后,方可进入稳态生产阶段并考核。

2. 裁判监督完成产品槽清空且确认冷凝液槽液位低于 2 cm,监督操作小组稳态生产过程。进入稳态生产阶段不能再调节回流量与进料流量,直至停车操作。

3. 进入连续生产后,系统自动确定进料板实时温度(TI706 或 TI707)、进料温度(TIC712)为后续温度控制基准,选手控制温度稳定,且波动温差范围控制在 ±3℃ 以内。

4. 操作过程中,按取样操作视频进行两次塔板取样,每次取三个样品(X5、X6、Y6)用于计算塔板效率,两次塔板效率相对标准偏差用来评判操作稳定性。两次取样时间间隔 20 min,每次取样在 5~10 min 内完成。

五、正常停车

1. 精馏操作考核 110 min 完毕,停原料泵(齿轮泵),关闭相应管线上阀门。

2. 规范停止原料预热器加热和再沸器加热。

3. 停回流泵(齿轮泵),及时点击 DCS 操作界面的"考核结束"。

4. 将冷凝液槽积液送入产品槽,停产品泵(齿轮泵),关闭相应阀门;停用产品冷却器冷却水,停用塔顶冷凝器冷却水。

5. 规范停残液泵(离心泵),停残液冷却器冷凝水,关闭上下水总阀。

6. 读取并记录水表、电表、DCS 界面原料槽液位等终了值。

7. 装置各阀门恢复至开车准备状态。

8. 规范收集并称量产品槽中馏出液,取样交裁判,分析最终产品轻组分质量分数。

9. 计算电耗、水耗、原料消耗,连同产品质量、浓度一起输入评分表,计算得分。

10. 根据得分情况,分析总结。

六、装置操作联锁

装置采用 DCS 控制系统,具有系统信号联锁保护功能,当触发以下联锁条件之一时,系统会跳车(自动考核结束)。

1. 再沸器液位低于 50 mm。

2. 原料槽液位低于 1 mm。

3. 塔顶压力大于 10 kPa。

4. 进料流量大于 1 L/min 累积时长达到 180 s。

5. 稳态生产时进料流量或回流量调整达 3 次。

任务三　　大赛精馏装置常见事故处理

在精馏正常操作中,由教师给出隐蔽指令,通过不定时改变某些阀门的工作状态来扰动精馏系统正常的工作状态,分别模拟出实际精馏生产过程中的常见故障,学生根据各参数的变化情况、设备运行异常现象,分析故障原因,找出故障并动手排出故障,以提高学生对工艺流程的认识度和实际动手能力。

一、塔顶冷凝器无冷凝液产生

在精馏正常操作中,教师给出隐蔽指令(关闭塔顶冷却水入口的电磁阀),停通冷却水,学生通过观察温度、压力及冷凝器冷凝量等的变化,分析系统异常的原因并进行处理,使系统恢复正常操作状态。

二、常见异常现象及处理

精馏操作异常现象及处理方法如表 11-4 所示。

表 11-4　精馏操作异常现象及处理方法

异常现象	原因分析	处理方法
精馏塔液泛	塔负荷过大 回流量过大 塔釜加热过猛	调整负荷或调节加料量,降低釜温 减少回流,加大采出 减小加热量
系统压力增大	不凝气积聚 采出量少 塔釜加热功率过大	排放不凝气 加大采出量 调整加热功率
系统压力负压	冷却水流量偏大 进料 $T<$ 进料塔节 T	减小冷却水流量 调节原料预热器加热功率
塔压差大	负荷大 回流量不稳定 液泛	减少负荷 调节回流比 按液泛情况处理

拓展提升

多效精馏在化工分离中的应用

多效精馏是一种在化工分离过程中广泛应用的技术。它通过多级精馏塔的连续操作，将混合物中的组分逐渐分离出来，达到提纯和分离的目的。多效精馏的基本原理是各级精馏塔的压力依次降低，前一级精馏塔的塔顶蒸气作为后一级精馏塔再沸器的热源，从而实现能量的循环利用和节能降耗。

1. 原油精馏塔中的多效精馏应用

原油精馏塔是石油精炼过程中最重要的设备之一，它用于将原油分离成不同的馏分，如汽油、柴油、液化石油气等。多效精馏技术在原油精馏塔中的应用，可以提高分馏效率，降低能耗，提高产品质量。在原油精馏塔中，多效精馏技术主要应用于塔顶回流液的分离。塔顶回流液中含有大量的轻质组分，如轻烃和低碳烃，而且这些组分的沸点相差较小。传统的分离方法往往需要较长的塔高和大量的能量消耗，而多效精馏技术则可以通过多个分馏塔级联的方式，将轻质组分逐级分离，从而提高分馏效率。同时，多效精馏通过回流液的再生利用，降低了能耗，减少了对环境的影响。

2. 石脑油和汽油分离中的多效精馏应用

石脑油和汽油是石油化工生产中的重要产品，它们通常需要通过多效精馏技术进行分离。石脑油是一种具有较高沸点的馏分，而汽油则是一种具有较低沸点的馏分。这两种馏分的沸点相差较大，因此传统的分离方法往往需要较长的分馏塔和大量的能量消耗。多效精馏技术在石脑油和汽油分离中的应用，使两者逐级分离，提高分离效率，降低能耗。具体的操作方式是将原始混合物先送入第一级分馏塔，通过加热和沸腾的方式将石脑油和汽油分离。然后，将石脑油进一步送入第二级分馏塔进行分离，以此类推，直到达到所需的分离效果。通过多效精馏技术，可以将原始混合物中的各种组分逐步分离，从而提高产品纯度和质量。

实训考评

一、大赛精馏装置操作评分细则

考核项目	评分项	评分规则	扣分	得分
	开车准备(2.0分) 注:步骤1,2必须按顺序先操作,且必须经裁判检查确认步骤2后方可操作检查阀门;步骤2后可不按顺序操作;必须完成前面5步后,方可进料;在未全部完成前面5步情况下直接进料,前面5步均不得分。	1. 裁判长宣布考核开始。检查总电源,检查并说出或向裁判汇报检查完毕。 评判标准:检查总电源,仪表盘电源,查看电压表,温度显示,实时监控仪。(共0.1分)否则扣0.1分。 2. 检查并确定工艺流程中各阀门状态,调整至准备开车状态并挂牌标识。(共0.5分) 评判标准:检查完毕必须向裁判告知,待裁判30 s内检查完毕后方可进行阀门操作。如有错误或漏挂,扣除0.1分/个,并要求选手进行修正,扣完0.5分为止。 3. 记录电表初始度数(0.1分),记录DCS操作界面原料槽液位(0.1分),填人工工艺记录卡。(共0.2分) 评判标准:裁判以选手记录的数值为依据,通过核对电表对评判,如记录错误扣除对应分值。未排净或排不尽扣除对应分值。如裁判暂时无法确认,可请裁判长进行核准。		
操作规范 (12分)	原料槽初始液位 ___ mm 水表初读数 ___ m³ 电表初读数 ___ kWh 备注: 水表读数精确至0.001 m³ 电表读数精确至0.1 kW·h	4. 检查并清空冷凝液槽(0.2分)及产品槽(0.2分)中积液。(共0.4分) 评判标准:打开相应的管道阀门保积液能流出,至滴状流出即可。未排净或排不尽扣除对应分值。 5. 查有无供水(0.1分),并记录水表初始值,填人工工艺记录卡(0.1分)。(共0.2分) 评判标准:相应阀门打开,塔顶或塔釜任一水流量计打开且有流量即可。水流量计以数据为依据进行比对,如记录错误扣除0.1分。如裁判暂时无法确认,可请裁判长进行核准。及拍照取证,以便结束后进行核准。 6. 规范操作原料泵(离心泵)(启泵0.2分,停泵0.2分),将原料加入再沸器至合适液位,切换至DCS控制界面中点击评分表面并点击"考核开始"的"确认"、"清零"、"复位"键至"复位"键变成绿色(0.1分)。(共0.6分) 注意:点击考核开始至结束不得离开流程图操作界面! 评判标准:(1)按点开始判别,规范操作要点评判操作,停操作。(2)选手没有依次按"确认"、"清零"、"复位"键及考核开始键,裁判务必提醒选手进行此操作,并扣除对应分值。		

续表

考核项目	评分项	评分规则	扣分	得分
	开车操作(2.5分) 注:其中第7项为机动项,评分,其余各项如未按要求完成,则该项不得分;操作过程中,需保持阀门状态与挂牌相一致(除正在操作的阀门外),若不一致每处扣0.1分,扣完开车操作的2.5分为止。	1. 规范启动精馏塔再沸器(0.1分)、原料预热器(0.1分)、升温。(共0.2分) 评判标准:均应先打开加热开关、再调节加热负荷,否则扣除对应分值。 2. 开启冷却水上水总阀(0.1分)、下水总阀(0.1分)、适时用精馏塔顶冷凝器冷却水(0.1分)、调节冷却水流量。(共0.3分) 评判标准:上、下水总阀未开或开半值,流量计转子冲顶10 s以上,扣除对应分值。 3. 规范操作齿轮泵(单泵或双泵串联)进行全回流操作,用产品泵单泵运行时,回流量由回流转子流量计手动控制;产品泵与回流泵串联时,须全开回流转子流量计,回流量由DCS界面控制。(共0.5分) 评判标准:(1)齿轮泵操作不规范扣0.4分。(2)流量计转子冲顶10 s以上扣0.1分。 4. 适时打开系统放空,排放不凝性气体,并维持塔顶压力稳定。(共0.1分) 评判标准:过程中有该操作过程即可。 5. 适时规范启动齿轮泵进料(0.2分)、进料流量≤1 L/min,在DCS面板上点击顶部回流开始按钮后,选择进料位置(0.1分)、关闭非进料阀门(0.1分)、过程中不得更改进料位置。(共0.4分) 评判标准:(1)齿轮泵操作不规范(0.2分)。(2)过程中不得更改进料位置,否则扣0.2分。 6. 开启进料后5分钟内原料预热器出口温度不低于80℃。 评判标准:计算机自动判断(0.1分)。裁判无需评价。(共0.1分) 7. 适时打开塔顶产品顶部进口阀(0.1分)、冷却至40℃以下后收集。并通过采出转子流量计采出塔顶产品(0.1分)、经产品冷却器(0.1分)、未经过产品冷却器(共0.3分) 评判标准:产品进口阀未开扣0.1分、流量计转子冲顶10 s以上扣0.1分。冷却至40℃以下扣0.1分。 8. 规范启动残液泵(离心泵)(0.2分)、适时投用残液冷却器冷却水(0.2分)、将塔釜残液冷却至50℃以下(0.2分)、送入残液槽。(共0.6分) 评判标准:(1)离心泵的操作不规范(0.2分)。(2)适时投用冷却水(0.2分)。(3)塔釜残液温度超过50℃,每超出20 s扣0.2分,扣完开车操作的2.5分为止。		

续　表

考核项目	评分项	评判规则	扣分	得分
	稳态生产（5分）	选手向裁判报告请求清空产品槽且冷凝液槽液位不超过2格后，方可进入稳态生产阶段并考核。裁判确认并监督完成产品槽清空且冷凝液槽液位低于2格，并监督选手进入稳态生产过程。进入稳态生产阶段选手不能再调节与进料流量回流流量。直至裁判长发出停车指令。 评判标准：（1）进入稳态生产阶段后回流流量不能调节（DCS阀位开度）、进料流量（DCS阀位开度），如调节一次，电脑自动扣除稳态生产5分。（电脑系统自动判断） （2）选手未汇报即进入稳态生产，裁判必须要求选手进行调整，如不进行调整，由裁判强制进行调整。	自动评分	
	正常停车（2.5分） 注：点击考核结束后，停止流程图界面所有操作，否则停车操作步骤处；正常停车操作规范步骤10 min内完成，未完成步骤扣除相应步骤分数。 原料槽终液位_____mm 水表终读数_____m³ 电表终读数_____kW·h 备注： 水表　读　数　精　确至0.001 m³ 电表　读　数　精　确至0.1 kW·h	1. 精馏操作考核110 min完毕，停原料泵（齿轮泵），关闭相应管线上阀门。（共0.2分） 评判标准：先关原料泵的频率，齿轮泵操作规范。否则扣0.2分。 2. 规范停止原料泵预热热器加热（0.1分）及再沸器加热。（共0.2分） 评判标准：先调负荷，再关开关。 3. 停回流泵（齿轮泵）（0.1分），及时点击DCS操作界面的"考核结束"（0.1分）。（共0.2分） 评判标准：先关回流泵的频率，再停回流泵、齿轮泵操作规范；考核结束变绿色。 4. 将塔顶馏出液送入产品槽（0.1分），停产品泵（齿轮泵）（0.1分）、停用塔顶冷凝器冷却水（0.1分）、停用产品冷却器冷却水（0.1分）。（共0.4分） 评判标准：流量计转子冲顶10 s以上扣0.1分；齿轮泵操作规范；关闭冷却水阀。 5. 规范停残液泵（离心泵）（0.2分），停残液冷却器冷却水（0.1分）、关闭上水总阀（0.1分）、下水总阀（0.1分）。（共0.3分） （0.1分）。（共0.5分） 评判标准：离心泵操作规范；关闭阀门。 6. 正确记录水表读数（0.1分），电表读数（0.1分），DCS操作面板原料槽液位（0.1分）。（共0.5分） 评判标准：针对现场实际数据进行评判，错误则让选手改正，错误0.1分/个，并要求选手进行修正，扣完0.5分为止。 7. 各阀门恢复初始开车前的状态。（共0.5分） 评判标准：阀门状态表如有错误需漏挂，取样交裁判，扣除0.1分/个。 8. 规范收集并称量产品槽中馏出液，气相色谱分析最终产品含量，气相色谱分析时间不在计时范围内。④～⑧步须在点考核结束后的10 min完成。（共0.2分） 评判标准：取样过程的规范性；无洒液、漏液。	自动评分	

续 表

考核项目	评分项	评分规则	扣分	得分
安全文明（8分）	文明操作（2.5分）	1. 穿戴符合安全生产与文明操作要求。（0.5分） 评判标准：正确佩戴安全帽，穿平底鞋。 2. 保持现场环境整齐、清洁、有序。（0.5分） 评判标准：检查现场操作区域，如有操作导致的洒漏未在过程中处理，或操作结束后未打扫卫生，扣除此相应分数。 3. 正确操作设备、使用工具。（0.5分） 评判标准：检查现场使用的工具使用完毕后是否按原来状态放置，否则扣除相应分数。 4. 文明礼貌、服从裁判、尊重工作人员。（0.5分） 评判标准：无论操作与否，与裁判、工作人员无争执。 5. 记录及时、完整、规范、真实、准确。（0.5分） 评判标准：记录数据按定节点进行记录，数据组别完整。 6. 记录结果弄虚作假扣全部文明操作分。		
	安全生产（5.5分）	1. 如发生人为的操作安全事故如原料预热器干烧（预热器上方视镜无液体＋现场温度计超过80℃＋预热器正在加热＋无进料）、操作不当导致的严重泄漏、伤人等情况，并由裁判扣除全部安全生产分。 2. 出现以下情况将系统将自动考核结束，扣除全部安全生产分。 (1) 再沸器液位低于50 mm。 (2) 原料槽液位低于1 mm。 (3) 塔顶压力大于10 kPa。 (4) 进料流量大于1 L/min 累计时长达到3 min。 (5) 进料流量或回流量调整达3次。		
违规操作		(1) 比赛选手点击考核开始前所有操作不得离开DCS操作界面，点击考核结束后停止流程图界面所有操作。违规扣1分/次。 (2) 釜残液不允许直排（任何时候都不允许），若中途直排或者将残直排（排液）阀门敞开，扣除全部操作分14.9分。漏关阀门除外。 (3) 连续精馏阶段，启动残液泵后不得关系，若残液泵间歇启停，扣除全部操作分14.9分。 (4) 部分回流时旁路加料，扣除全部操作分14.9分。 (5) 进入稳定生产后，若手动调节回流转子流量计改变回流量，扣全部操作分14.9分。 (6) 釜残温度超过50℃不及时调节处理（5分钟以内），扣全部操作分14.9分。 (7) 未到规定时间选手提前停车，按提前时间的长短扣分，每提前1分钟扣1分，直至扣除全部操作分14.9分。 (8) 设备人为损坏，作弊以获得虚假成绩，扣除全部操作分14.9分。		

续　表

考核项目	评分项	评分规则	扣分	得分
技术指标（80分）	工艺指标合理性	进料温度	进入连续生产后,进料温度 TI712 控制到需求范围,并且波动温差范围控制在±3℃以内,如果温差连续超标达 3 min,系统将自动扣标 2 分。（可多次扣分,最大扣分不超过 5 分）	自动评分	
		进料板温度	进入连续生产后,进料板温度控制到需求范围,并且波动温差范围控制在±3℃以内,如果温差连续超标达 3 min,系统将自动扣标 2 分。（可多次扣分,最大扣分不超过 5 分）		
		再沸器液位	点击考核开始后,再沸器液位需要维持在 60~80 mm,如液位连续 20 s 高于 80 mm 或低于 60 mm,系统将自动扣除 0.2 分。（可多次扣分,最大扣分按赛项规程设置,一般不超过 10 分）		
		塔顶压力	考核开始后,塔顶压力需控制在 0.5 kPa 以下,如连续 20 s 超过 0.5 kPa,系统将自动扣除 0.2 分。（可多次扣分,最大扣分按赛项规程设置,一般不超过 10 分）		
		塔压差	考核开始后,塔压差需控制在 5 kPa 以下,如连续 20 s 超过 5 kPa,系统将自动扣除 0.2 分。（可多次扣分,最大扣分按赛项规程设置,一般不超过 10 分）		
		塔顶产品温度	经塔顶产品槽冷却器的馏出液（塔顶产品）需冷却至 40℃,以下后收集,如连续 20 s 超出 40℃,系统将自动扣除 0.2 分。（可多次扣分,最大扣分按赛项规程设置,一般不超过 10 分）		
	产品浓度评分（非线性）		测定产品槽中最终产品浓度并输入计算机,系统根据要求自动计分。		
	产量评分（线性）		测定最终产品产量并输入计算机,系统根据要求自动计分。		
	原料损耗量（非线性）		读取原料槽液位(mm),按工艺记录卡提供的公式计算原料消耗量输入计算机,系统根据要求自动计分。		
	电耗（非线性）		读取装置用电总量（精确至 0.1 kW·h）,并输入计算机,系统根据要求自动计分。		
	水耗（非线性）		读取装置用水总量（机械表或数显表精确至 0.001 m³）,并输入计算机,系统根据要求自动计分。		

二、精馏操作工艺记录卡

日期：___年___月___日 场次：___ 赛位号：___

原料槽初始液位(L_1)___mm 原料槽终液位(L_2)___mm 原料消耗量[计算公式：$(L_1-L_2)\times0.304$]=___kg

水表初始读数(V_{S1})___m³ 水表终读数(V_{S2})___m³ 水消耗量[计算公式：$V_{S2}-V_{S1}$]=___m³

电表初始读数(A_1)___kW·h 电表终读数(A_2)___kW·h 电消耗量[计算公式：A_2-A_1]=___kW·h

时间(点击考核开始后每10 min记1次)	温度/℃						进料流量/(L·min⁻¹)	流量			液位/mm		压力/kPa	
	TIC703温度	TI706温度	TI707温度	TICA712温度	TICA714温度	塔釜残液温度	进料流量/(L·min⁻¹)	顶采出流量/(L·h⁻¹)	釜采出流量/(L·h⁻¹)	塔顶回流量/(L·h⁻¹)	再沸器液位	原料槽液位	塔顶压力	塔釜压力

选手签写赛位号：___

裁判员签字：___

三、大赛精馏装置操作思考题

1. 影响精馏塔操作稳定的因素有哪些?
2. 提高产量的措施有哪些?
3. 提高产品浓度的措施有哪些?
4. 节约能耗的措施有哪些?
5. 如何提高轻组分的回收率?

参考文献

[1] 安良海,张培.多效精馏节能在化工分离中的应用研究[J].化工设计通讯,2024,50(4):101-103.

[2] 顾莉洁.《流体输送》课程改革教学设计[J].化学工程与装备,2019(2):303-305.

[3] 陈丽.安全生产视角下的化工安全管理问题及对策[J].当代化工研究,2023(7):188-190.

[4] 尹建华,梁雄,谢小明,等.二氧化碳捕集、利用与封存技术应用研究[J].山西化工,2024,44(3):261-262+269.

[5] 宝音,朱凌佳,孟祥达,等.防止管路结晶吹气法测量装置在核化工工程的应用研究[J].仪器仪表用户,2023,30(4):53-55+84.

[6] 高爽,刘慧敏,王美慧,等.高盐废水处理新工艺研究进展[J].现代化工,2022,42(2):68-71.

[7] 薛山.工业园区污水处理现状与问题[J].绿色矿冶,2023,39(5):63-67.

[8] 丁靖,王磊,冯能杰,等.化工原理课程思政教学案例设计研究——以热量传递为例[J].化工高等教育,2022,39(5):110-114+126.

[9] 姜国平,刘海,靳菲,等.基于阀门和化工管路拆装实训的工程实践教学实施探讨[J].化学工程与装备,2023(1):292-293.

[10] 韩伟,王树成,任聪博,等.蒸发结晶技术在高盐废水的工业应用[J].山西化工,2023,43(6):169-171.

[11] 任欢,张胜,聂雨荣.五位"大国工匠年度人物":精益求精匠心筑梦[N].光明日报,2024-04-24(7).

[12] 王书涵.江苏响水天嘉宜化工有限公司"3·21"特别重大爆炸事故[J].现代班组,2020(8):29.